After Effects
动态图形设计
入门技法与基础创作

■ 郑斌——编著

人民邮电出版社
北 京

图书在版编目（CIP）数据

After Effects 动态图形设计：入门技法与基础创作 / 郑斌编著. -- 北京：人民邮电出版社，2020.2
ISBN 978-7-115-51967-2

Ⅰ. ①A… Ⅱ. ①郑… Ⅲ. ①图象处理软件 Ⅳ. ①TP391.413

中国版本图书馆CIP数据核字(2019)第201908号

内 容 提 要

这是一本使用 After Effects 软件制作动态图形的教程书。全书共有 5 章，第 1 章介绍了动态图形的分类、起源、发展、应用范围及表现形式；第 2 章是本书的重点，讲解了制作动态图形所使用到的 After Effects 软件知识，并通过几个案例进行应用演示；第 3 章讲解的是动态图形设计的理论、思维及创作流程；第 4 章是 4 个动态图形设计案例的制作讲解；第 5 章介绍了动态图形设计的创意提升及未来的发展。本书除了详细的图文讲解内容，还提供了案例的动态效果及制作过程的讲解视频，扫描书中的二维码即可查看；案例所需的素材文件及工程文件也支持下载。

本书适合动态图形设计初学者、互联网产品设计师及其他对动态图形感兴趣的从业者阅读使用，也可作为相关设计院校的参考教材。

◆ 编　著　郑　斌
责任编辑　王振华
责任印制　马振武

◆ 人民邮电出版社出版发行　北京市丰台区成寿寺路 11 号
邮编　100164　电子邮件　315@ptpress.com.cn
网址　http://www.ptpress.com.cn
北京东方宝隆印刷有限公司印刷

◆ 开本：787×1092　1/16
印张：12
字数：421 千字　　　　2020 年 2 月第 1 版
印数：1 – 3 000 册　　2020 年 2 月北京第 1 次印刷

定价：69.00 元

读者服务热线：(010)81055410　印装质量热线：(010)81055316
反盗版热线：(010)81055315
广告经营许可证：京东工商广登字 20170147 号

前言

　　很荣幸能在这里与大家分享我对 MG（ Motion Graphics，动态图形）的认识。与其说这是一本教大家如何制作 MG 的书，不如说它是在分享一些思维和方法。当你看到书名时，你可能已经产生了一个对 MG 的想法，开始搜寻你掌握的概念，这就是一个有效的思考过程。本书就是希望你能一直保持这样的感觉。

　　MG 简洁且生动有趣。它不同于传统形式的动画，MG 更符合设计领域的形式构成，富有规律性和抽象的美感。你能快速地从 MG 中获取关键的信息，但并不能一次就完全吸收作者在作品中的所有创意点。因此，MG 更能够吸引人反复观看并品味其中的乐趣，使观者从思想层面与创作者进行交流。MG 在移动互联网时代开始愈发地被重视，它不仅从 20 世纪开始就未曾离开过人们的视线，而且现在它又承担了人类（用户）与机器（设备）之间形成高效率合作的重要任务。一些产品功能与相关概念，通过 MG 的演绎，将会变得更通俗易懂、妙趣横生。

　　我们知道在这个极速发展的时代，各行业的从业者每隔一段时间就需要花费更多的精力去适应新事物。我们可以毫不犹豫地认为，这是一个每隔 3 年就会让我们惊讶的时代。科技发展，商业模式更新，信息传播方式，艺术表达形式，用户思维与意识，几乎所有的东西都在或多或少地跟随着时代进步而快速发展、更迭。乐于思考的你，或许特别想要知道这其中存在的先后关系，或者说是由其中的哪一方面在领导着这一切。

我也曾经反复思考过这样的问题，并在多年来的学习和工作中不断地整理和总结，结果发现了一个很有意思的现象：在艺术设计领域，我们经常可以看到复古风格的作品出现；在科技领域，我们不时地看到各种似曾相识的产物，但它们却又有所不同。科技是一种实现手段，而基于这种手段所实现的产品，则是一种载体或者说是介质。这些产品可以承载信息内容和文化艺术，作为接受者的用户和创作者能够在此基础上得到新的灵感，催生新的意识与思维并因此而行成新的市场需求，反过来继续促进科技的发展。它们是相互影响的，并且在以螺旋的形式循环演进。

以上所述的这些内容中的很大一部分可能与本书没有直接关联，但我能够有机会在此与大家分享我的认知，无不基于这样的思考过程。所以这是一本教大家如何运用工具完成创作的书，更是一本提供思维方法并使你能够应用到很多领域的书，希望你在阅读本书的过程中，能够把思考的习惯贯彻在每一个部分。本书的前后内容有不同程度的关联，建议你经常前后对比着阅读，这样能够帮助你形成整体化的思维。

本书对软件的讲解虽然贯穿从基础入门到制作方法的整个过程，但没有对所有功能进行逐一介绍，因为工具在不断更新，更方便的软件也在不断地被开发出来。我们的目标是把一些可以一直使用的思维方法与制作经验运用到创作中，而不要受到平台改变的限制。所以我会把关于创作的技巧作为关键内容，也会把制作过程录制成视频提供给大家观看。大家可以在站酷和 UI 中国等网站中搜索"Somawind"找到我的主页，也可以加入读者交流群参与讨论，我会为读者朋友们提供各种答疑和帮助。

生活中有很多有意思的创意来源，很多时候是我们没有找到合理利用它们并形成创意形式的方法。所以在学习技法的过程中，更多的是去重复已掌握的东西并组合它们。不可否认，很多高手起初也是从模仿开始的，这是一个必要的学习过程。本书也有专门的章节教你如何带着思考去模仿与学习，但我们的最终目标是创作出能表达自己创意的作品，这是一条可以一直追求下去的道路。

非常感谢你能购买并阅读本书，希望我能带给你一段快乐的学习体验。

资源与支持

本书由数艺社出品，"数艺社"社区平台(www.shuyishe.com)为您提供后续服务。

扫描书中对应的二维码即可观看案例制作过程的讲解视频和示例作品的动态效果，扫描右侧的二维码关注数艺社微信公众号可获取案例所需的素材文件和工程文件。如果您对本书有任何疑问或建议，请发邮件至 szys@ptpress.com.cn。如果您想获取更多服务，请访问"数艺社"社区平台。

目录

第 5 章
MG 的创意提升与
未来发展

第 1 章

进入 MG 的世界

　　曾几何时，我们在社交平台、多媒体平台以及各种各样我们能够接触到艺术内容的地方，开始注意到一些有意思的事物。它们由简单的图形和丰富而有规律的动画构成。虽然我们在观看的过程中有目不暇接的感觉，但传达出的信息却能让我们很容易理解。这种形式的作品越来越多地出现在我们身边，它就是 MG。

1.1 丰富多彩的动态图形

动态图形来源于英文 Motion Graphics，译为动态图形，简称 MG。现在 MG 的火热程度与移动互联网的迅速发展密不可分，因此有时候我们也叫它交互动画。移动设备包含人机交互的过程，而串联这些交互需要动态视觉设计，因此有了这样的说法。为了保持概念的规范与统一，我会在本书中采用动态图形的英文缩写 MG 来描述它。无论我们对于 MG 的理解是停留在访问网站页面所看到的 GIF 小动画，还是手机 App 中生动有趣的页面跳转效果，抑或是其他的呈现形式。既然我们用了"丰富多彩"来形容它，下面就让我们来一探究竟吧。

1. 简洁的 MG 作品

移动和便携设备上的 MG 主要集中在 App 启动动画、引导页的交互设计以及活动页面等形式上，在视觉效果上是较为简单的。移动设备上的 MG 作品通常能起到增加产品人性化要素，增强用户与产品的互动，以及促进广告营销等作用。

随着 Google 近年来对 Material Design（质感设计）理念的推广，动态图形设计也越来越受到重视，我们几乎在每一款 Google 产品中都能找到充满趣味的视觉元素。得益于 Google 在每一个特殊的日子（如一些纪念日及节日等）所设计的趣味插画场景（即谷歌涂鸦，Doodles），这种演绎形式逐步影响了其产品的视觉风格，也为 Google 的 MG 作品诞生提供了强有力的支持。图 1-1 是 Google 为了纪念《神秘博士》开播 50 周年而制作的一幅动态图形作品的截图。

图 1-1　纪念《神秘博士》开播 50 周年的动态图形作品截图

Google 擅长的除了插画类 MG，还有基于纸
张材料模拟的启动动画，如 Inbox、Google 照片、
Google 日历等（见图 1-2）。这些设计中增加了简
单的图标光影、色彩变化，更强调空间关系，并且在
动画方面对现实中的力学规律进行模拟，看起来简约
而生动。

图 1-2 Google Apps

除此之外，还有 App 启动之后的引导页面，通过数张带有视差滚动效果的插画来诠释产品功能，简洁明了。
用户第一时间的注意力被色彩明快的插画所吸引，然后再去阅读功能文字。这样一来，无论是用户对产品功能
的认同还是品牌文化的表达都恰到好处。

移动设备上的 MG 作品，简单而精致。图
1-3 所示的是 Google 日历 App 启动页面，没有
过于花哨的视觉效果，却带来了高效流畅的体验。

图 1-3 Google 日历 App 启动页面

2. 复杂的 MG 作品演绎

图 1-4 的 MG 作品，丰富的
图形变幻，快节奏的转场动画配
合音乐节奏，让人目不暇接。作
品中的图形元素包含了点、线、面，
它们均是动态的，并且以各种意
料之外的方式进行转换。让人沉
浸其中，且很容易地判断这就是
MG。

图 1-4 MG Trend Infinite 动物园

因为 MG 模拟了抽象认知，甚至把一些类似于人思考过程的东西都表达出来了，这是其他静态设计形式难

以做到的。而对于 MG 而言，能不受拘束地表达视觉语言，其根本就在于基础元素足够简单、抽象。换句话说，MG 非常像运动起来的平面视觉设计，但 MG 还不止如此。

当视觉元素的运动增加了一个空间维度之后，3D 的 MG 就产生了。如图 1-5 所示，这一类型的动画更多地出现在电视广告和各类视频节目的片头中。视觉元素的变换形式更加丰富，配合镜头运动与光线变化，能在纷繁复杂的舞台演绎之后，表达出核心含义（如节目名称或主题图案等）。

图 1-5 Sportia 2014

近年来，由于扁平化简洁设计理念的流行，不同于平面 2D 领域的扁平化，在 3D 的设计中也很容易看到 Low poly 模型的舞台演绎。相较于前者，此类 3D 的 MG 更多是用于表达短小的故事情节，如产品介绍或动画短片等。

图 1-6 C4D 低多边形 MG

图 1-7 所示为一个使用真实场景合成的 MG，抽象图形的彩色灯光在道路中也有环境反射效果，增强了影像的可信度。如果你接触过摄影，熟悉夜景长曝光摄影技巧的话，看到这个 MG 的截图，可能会充满亲切感。试想一下这种场景动态化之后的效果，你是否对 MG 的魅力有一种新的认识。

虽然说是完全不同的一种视觉体验，但是不变的依然是基础图形元素、不受拘束的创意表达，以及丰富的图形变换。

图 1-7 Night Stroll

注： 前文提到的 MG 基于静态视觉设计，实际遵循的仍是设计的三大构成理论，在 MG 作品里很容易看到基于此理论的静态和动态表达。所以 MG 是运动起来的视觉设计，来源于平面设计，服务于各个设计领域。平面设计所包含的各类视觉元素都可以作为 MG 的素材和舞台角色，除了常规运动外，如果配合粒子系统的处理，就能够完成令人惊叹的视觉效果。这也是 MG 与传统动画最大的区别，从元素到动画理念都高度抽象化，但却不完全脱离实际。

---

3. 基于现实且充满艺术感的 MG 作品

　　MG 的呈现形式并不一定都是抽象的，前面我们看到了基于现实场景融合抽象元素的表达方式。那么反过来，基于现实元素的抽象表达也是一种思路，这就是照片动态化和动态插画的由来。

　　图 1-8 所示是一种叫作 Camera Mapping（相机映射）的技术，相当于针对照片的造型进行三维模型的制作，将照片作为贴图附着在三维模型上，可以让原本静态的照片进行限定范围的运动。当你看到照片中呐喊的球员，是否能够想象赛场中沸腾的那一瞬间，在 Camera Mapping 技术的支撑下，照片能够在立体空间运动起来，将你的想法实现出来，这就是 MG 对于人思考过程的表达。除此之外，插画作品也可以运用这样的动态手段表达出更丰富的情节，如动态插画等。

图 1-8 Camera Mapping 分解

图 1-9 所展示的是美国暴雪娱乐公司出品的游戏《炉石传说：魔兽英雄传》的片头动画截图，片头部分运用大量的动态图形设计，使用了粒子特效、3D 运动、骨骼以及网格动画等技术手段，将极富个性的角色活灵活现地演绎出来。一直以来，插画这种艺术形式就具有着独特的魅力，且不可被摄影、3D 图形设计等方式所取代。取材于真实历史与神话传说，并融入了艺术家的思考与艺术表达的插画设计作品，具备很高的欣赏价值。动态插画之所以被我归为 MG，是由于它不仅保持了动态图形设计的理念，甚至将之升华到了更高的层次。如果你对于游戏美术有足够的兴趣，动态插画绝对是值得你去研究的方向。

图 1-9 《炉石传说：魔兽英雄传》片头的动画截图

虽然很想继续向大家介绍 MG 分类的更多内容，但只是欣赏的话，并不能让我们成为创作者。本节介绍的内容，实为一个基本的归纳，结合后续介绍的实际应用领域的概念，能够方便大家找到最适合自己的研究方向。

1.2 MG 的那些年

1. MG 的起源

动态图形最早于 20 世纪 50 年代开始出现，索尔·巴斯（Saul Bass）便是这一切的开创者。作为平面设计家与电影美术制作师，除了本职的平面设计工作外，他率先将动态图形的概念引入电影片头中。

图 1-10 所示是电影《圣女贞德》（Saint Joan，1957）的片头，伴随摇曳的黑白悬挂圆形物体，镜头逐渐拉近，屏幕上出现越来越多的悬挂物体，以表达抽象的时钟摆动，预示着主人公贞德拯救法国的使命降临（此为笔者自己的感受）。重叠交错的摇曳物体与影片制作人员的字幕过后，出现了影片的 LOGO，随后淡入影片第一幕。《圣女贞德》的动态片头就是索尔·巴斯的代表作之一。

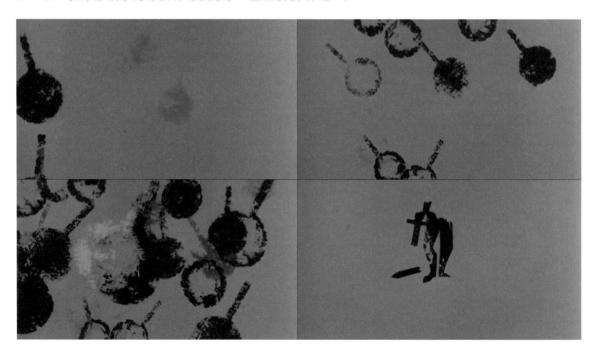

图 1-10 《圣女贞德》动态片头截图

而真正将 Motion Graphics 这一概念作为术语的则是美国著名的动画师约翰·惠特尼（John Whitney Sr.）。1960 年他创立了一家公司，公司名即为 Motion Graphics。1958 年，他与索尔·巴斯一起合作为电影《迷魂记》（Vertigo，1958）制作了片头（图 1-11 所示为片头的截图）。至此，Motion Graphics 的概念被正式确定下来，为此后它的发展奠定了非常好的基础。

图 1-11《迷魂记》片头截图

2. 20 世纪末的能量释放

20 世纪 80 年代是属于电子科技的时代。随着有线电视、录像带、录音设备、电子游戏的普及，商业化的动态图形艺术开始爆发。几乎无法用任何简短的语言概括这一时期各行各业的快速发展，如果非要用一句话来形容，那就是艺术与技术的能量释放。

在有线电视领域，最早使用动态图形的是 ABC（美国广播公司）、CBS（哥伦比亚广播公司）和 NBC（美国全国广播公司），随后有越来越多的电视频道采用 MG 这种艺术形式。

图 1-12 NBC 标志短片截图

随着计算机图形技术在 20 世纪 90 年代的高速发展以及个人家用计算机的普及，包括我们所熟知的 Photoshop、After Effects 等图像合成与动态影像合成的软件先后面世。制作复杂图形以及动态图形的成本越来越低，让更多的公司有能力制作高质量的动态视觉设计，所以后来我们几乎可以在所有的电子媒体上都能看到 MG 的身影，如图 1-13 和图 1-14 所示。

图 1-13 20 世纪福克斯电影公司的片头截图

图 1-14 Postolar Tripper's 音乐视频

3. 互联网赋予 MG 新的生命

从 2000 年开始，互联网的急速发展带给我们的冲击无疑是巨大的。首先是个人计算机硬件与互联网技术的迅速发展，接着是多媒体视频网站与社交网站的大量出现，再就是近十来年开始爆发的移动互联网所诞生的巨量 App，这些彻底改变了我们的生活方式。随着平台的变化，已有的艺术表达形式也应该有相应的变化，甚至还催生出了新的艺术表达方式。

从设计趋势来看，近几年来，无论是 Microsoft、Apple 还是 Google 都开始推进扁平化设计，并且随着时间推移，从视觉扁平化逐步发展为到理念扁平化，让曾经和互联网存在一定距离的传统平面设计与互联网设计建立起了强联系。我们越来越重视视觉体验、使用体验，甚至是用户的心理感受。于是 MG 成了互联网以及移动互联网非常重要的艺术表现形式。新的技术和新平台，让 MG 的价值得到进一步提升，甚至可以连接整个世界。

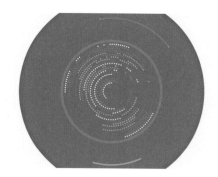

图 1-15 Google_ Project Fi

以上简要地介绍了 MG 半个多世纪以来的发展历程，短短几十年，它经历了科技飞跃、艺术发展和人们的认知提升。

1.3 MG 的应用范围及表现形式

1. MG 成为广告

前文我们提到互联网与移动互联网的发展，是现在 MG 成为最受欢迎的艺术创作形式之一的重要原因。而 MG 的应用范围，也是基于这个前提。我们在各类媒体平台上所看到的各种产品的广告，以 MG 视觉风格来表达已成为越来越流行的方式，并且有很多广告已基于扁平化的设计理念来演绎和传播。于是我们才能够从广告及产品上享受到一致的用户体验，这便是时代发展带来的产品与服务的进步。

图 1-16 所示为 UPS 的信息图形，产品的介绍通过 MG 的方式呈现。这样做最大的好处是降低了成本，并且更符合用户习惯，能使大家欣然接受这样的表达形式。对于用户而言，MG 具有更流畅高效的视觉体验，会更容易快速且不受干扰地了解到产品功能。因为 MG 作品采用的多为大家广泛接受的表达方式，甚至脱离了解说词和背景音乐，光是看画面也能够在一定程度上明白整个动画过程所表达的内容。因此，MG 被广泛用于公交视频和地铁站的动态广告中。

图 1-16 MG 信息图形（UPS）

商业广告在我们的生活中无处不在，它也是 MG 在当下最为主流的应用形式之一，并且在将来较长一段时间里仍会作为一种主要的应用形式存在，进而可以让我们能够感受科技所带来的生活巨变。

2. MG 成为节目

这是 MG 的第二个重要应用形式。我们在很多电视节目中看到的动态片头，在曾经的很长一段时间里都是由 MG 来演绎的。今后，MG 还会继续承担视频节目包装的重任，MG 不仅应用在片头，甚至还可能会融入节目之中，如赛场直播、播报赛况动态界面等。电视节目中的 MG 由来已久，将来我们所看到的 MG 会有更多丰富的创意形式，甚至更多地参与到节目中去，继而成为节目的一部分。

如图 1-17 所示，巴西世界杯的官方宣传片的片头采用了清新的 3D 动画来表达足球王国对于这项体育运动的绝对热衷，如果你看过这个片头，可能会产生一个疑问：此动画短片出现了具体的角色、形象与城市场景，更像是一部 3D 的动画片，它与 MG 有何差别呢，或者说这部短片能否算是 MG。

图 1-17 2014 年巴西世界杯官方宣传片截图

此处也的确道出了 MG 的现状，它与传统的动画并没有非常严格的区分和界限，但是我们依然可以将这个宣传片理解为 MG。因为它虽然有具体形象，但是却没有语言和情节，也没有连续性的故事讲述。我们仅通过观看宣传片的视觉内容，即可理解完整的含义，从故事讲述的角度来看，这是一种对接我们感官与大脑思考的抽象表达方式。

基于视频节目上作为内容生产的 MG，在将来会以更加多样化的形式成为节目中不可或缺的部分，这也是作为创作者进入 MG 相关行业的重要方向之一。

3. MG 成为记录生活和创意的方式

纯粹的 MG 作品在社交网络传播已经形成了一股潮流，它或是作为个人创作者的兴趣制作，或是内容营销的一种选择。一个优秀的个人品牌 MG 作品可以成为一张个人名片，是让他人认识你的一种非常直接的手段。

MG 与传统动画短片的最大区别，是表达方式的不同。MG 通常不会有太长的情节演绎，并且会快节奏地讲述故事，角色更类似于形象和符号，在必要的情况下选择加入旁白、独白和音效，而不是由角色之间主动通过台词与动作配合的方式来推动情节的发展。这虽是二者的主要区别，但站在创作角度，我们不应受到限制而应该选择自由表达。

将 MG 当作记录生活和创意的方式，也是本书所推荐的方向之一。我们曾经为记录而写博文，或为自己创建影集。如今我们又可以通过直播分享我们的生活，在共享时光的过程中获得快乐。将来我们还可以把自己的即兴创作作品分享给他人，通过阅读本书，你会发现这并不是一件很难的事。

图 1-18 由个人发布的 MG 作品

1.4 为什么要制作 MG

　　从欣赏 MG，到回看 MG 一路发展的那些年，再到了解 MG 的当下，我们可能从未意识到它早已出现在我们生活的方方面面。从感官上来讲，MG 简洁明了、生动有趣、富有表现力，是一种适合各年龄段人群接收信息的载体。究其原因，MG 在很大程度上模拟了真实生活场景，模拟了人类观察事物的规律与过程，甚至模拟了抽象思维，它是一种重现人们对事物认知的重要方法。

　　前文我们介绍了 MG 的概念，而本节则会从移动端产品设计的思路来分享 MG 与交互设计的关系，进而探究我们现在之所以重视 MG 设计的原因。

图 1-12 动态图形设计截图

现在，我们可以坚定地认为 MG 的流行与移动互联网的发展有非常大的关系。由于大量的生活场景伴随互联网产品被搬运到了手机及各类便携设备的屏幕上，作为连接 App 产品各功能的手段，交互动效和 MG 越来越受到重视。一组逻辑清晰、视觉流畅的交互动效能够让产品的功能更快地被用户接受和使用；而模拟产品与用户场景的 MG，则会让用户在第一次打开 App 时就能被轻松愉快的动画吸引，从而使用户对产品产生良好的第一印象，并能够在极短的时间内对产品功能有个大致的了解。

1. 交互动效和 MG 的关系

作为互联网设计师，我们在实际工作中思考最多的就是用户界面了。界面元素通常由各种容易被识别的图形、可操作的区域和图像组成。在产品设计阶段，我们会在功能页面布局被确定了之后再开始用户界面的视觉设计，这部分工作我们考虑最多的就是如何把握好色彩搭配、视觉层次、识别性和可用性之间的平衡关系，在这个阶段，需要完成的是静态的视觉稿。以往设计师在这个阶段的工作完成后，多半就提交到开发执行阶段了，一些简单的交互动效则由各操作系统默认的方式来呈现。所以在"唯快不破"的互联网行业里，个性化的交互动效和 MG 都需要花费大量的时间及人力成本，一直以来便都被放到了相对次要的位置。

随着市场的成熟与行业的逐步发展，大量的产品开始注重服务质量和用户体验，这些锦上添花的工作也开始被重视。交互动效是为了串联页面，便于用户理解操作的前后逻辑关系而制作的。设计交互动效，更多考虑的是功能，是帮助用户理解操作以及增强易用性等。所以它更加偏向模拟认知与抽象思考的过程，表达起来也更加注重简洁和高效。

图 1-20 用户界面和动态图像

相对而言，MG 则更偏向艺术性。MG 更多的是应用在启动页功能介绍、加载数据的等待页面，以及产品营销活动的嵌入页面上。所以 MG 更多考虑的是模拟生活场景、用户场景，需要加入故事和情节，要能让产品的趣味性得以体现。

2. 设计趋势走向动态图形设计

2016 年发布的 iOS10，已经把静态布局设计的规范与动画部分共同组合为一个新的规范，即 Visual Design（视觉设计），新的视觉设计则包含了动态设计。在 Apple 官方看来，优秀的交互动态设计，能够给予用户沉浸式的体验，让用户在使用场景中更高效地处理信息与需求。而在 MG 设计上，Apple 更是早在 2013 年的 iOS7 发布会上就播放了一个创意视频短片，如图 1-21 所示。

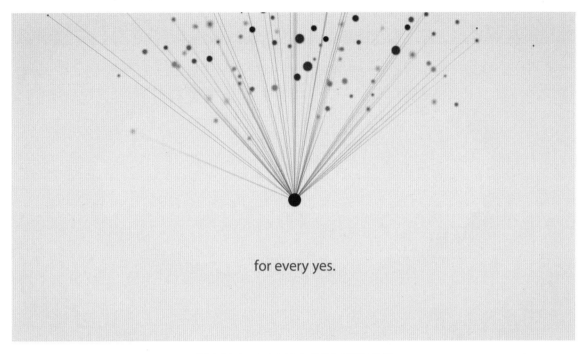

for every yes.

图 1-21 Apple 2013 年创意视频短片截图

与此同时，Google 于较早时间发布的 Material Design 则一直都强调动效的重要性与注重空间感的界面元素搭配，要求更加体现出视觉层次，希望通过模拟真实用户场景来达到沉浸式体验。另外，Google 也强烈推荐设计师们在做产品设计时，在页面里加入生动有趣的 MG 设计，以作为用户引导和产品操作流程的说明，如图 1-22 所示。

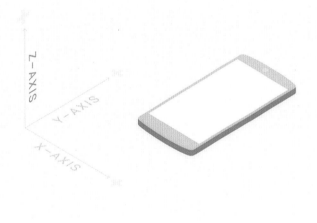

图 1-22 Google Material Design 规范

主流的移动设备操作系统越来越重视通过动态视觉设计来提升沉浸式的用户体验，我们可以大胆猜测未来是沉浸式体验的天下，因为我们面对的越来越多的数据与信息需要被高效处理。我们必须要更专注和高效，以及不能受其他无效信息的干扰。

前文我们对 MG 和传统动画作了区分，并且进行了概括和总结。由此可以明确 MG 擅长表达一个连贯的情节，让观看者接受富有层次感的、轻量化的信息，它更符合高效与快捷的设计趋势。在这样的背景下，MG 必将成为一种独特的艺术形式。

3. MG 成为一种新的艺术形式

如图 1-23 所示,《纪念碑谷》这款游戏采用的就是一种非常"MG"的视觉风格。极为简单的构成元素、矛盾的空间运用,以及干净清爽的配色,足够概括、足够抽象,在这种细节很少的"限制之下",自然更能够传播有限但精准的信息。这款游戏的每一个小场景都能带给玩家如同观看 MG 一样的感受。

图 1-23 《纪念碑谷》游戏截图

至此,我们可以简单地总结一下 MG 的风格:没有很多细节,只传达最关键的信息,极具创意的艺术表达,动画元素采用简单的图形,尽可能少的样式,元素的运动方式也尽可能重复且要有很强的规律性等。

我们在将来还能够看到更多风格的 MG 作品以及更多应用不同设计理念的 MG 作品,不难看出这是一种很受欢迎的艺术表达方式!

4. 小结

本章介绍了 MG 的概念、历史发展、行业现状、应用范围,以及制作 MG 的意义。这是我们认识事物与相关概念的一般过程,至于对这个事物最终的认知程度是感兴趣还是深入研究,或是进入相关行业领域工作,都是要基于上述这样的分析与思考。

第 2 章

快速掌握 MG 制作利器 After Effects

　　也许在了解了 MG 的概念之后，你会迫不及待地想要开始 MG 的创作。创作 MG 有很多工具，也有各种各样的制作思维、方法和技巧。每种工具的各项功能又会带给创作者不同的创作感受，甚至会带来一些创作灵感，进而服务于创作。这属于工具学习的一种良性循环，希望通过本章的学习，大家能够对软件学习有新的理解，并且找到自己喜欢的创作方法。

2.1 为什么选择 After Effects

After Effects 全称 Adobe After Effects，是 Adobe 公司开发的动态图形设计与影像合成软件，通常用于电视、电影行业的后期制作，我们习惯简称为它 AE。这款软件于 1993 年 1 月发布了 1.0 版，原开发者为 CosA，经历过两次收购，从 1995 年 3 月开始成为 Adobe 旗下的软件产品。其后几乎每年都有新版本，甚至一年有多个版本推出。本书讲解及案例制作所使用的是 Adobe After Effects CC 2017 版，建议大家用此版本的软件来完成本书的学习。

2.1.1 After Effects 更适合用来制作 MG

1. AE 具备的先天条件

对于国内的大部分设计师来说，最开始接触的 Adobe 公司的软件是 Photoshop（简称 PS），随后根据工作业务的需要而逐步接触了其他的软件，如 Adobe Illustrator(简称 AI)。Adobe 的很多软件陪伴了我们每个设计师学习和工作的过程，是当前主流的视觉设计软件。除此之外，多年来的产品迭代，也使软件在协同工作方面得到不断增强，跨硬件平台的工作体验也让设计团队之间的合作得以无障碍地进行。

很明显，AE 对 PS 和 AI 的兼容性毋庸置疑，可以很容易地将各类源文件按照需求作为素材导入 AE 中进行编辑。同时，AE 自身的操作方式与 PS 和 AI 具有一致的基本图形编辑功能。除此之外，它们所有的功能与术语通用，选择 AE 意味着不需要在基本概念方面再额外地增加学习成本。

图 2-1 Adobe 公司的三大软件

从行业交流和资源共享的角度分析，我们能够非常容易地获得 AE 的学习资源。例如，本书未提供的其他相关内容的扩展知识，可以通过同类书籍以及发达的互联网来学习。反过来讲，Adobe 的其他软件工具所创造出来的丰富资源，也能给予 MG 制作最为全面的支持，不得不说 Adobe 在这方面的考虑已经非常周到了。

2. AE 自身的强大功能

综上所述，AE 所具备的先天条件是其他软件所无法比拟的。如果你是一名平面设计师，想要学习 MG 来扩展自己的业务能力，那么我个人极力推荐你选择 AE。

AE 是基于时间轴与层组关系的动态图形编辑软件。时间轴是一个非常经典的动态图形编辑思路，基于时间来记录状态变化是 AE 实现 MG 最为根本的技术。而层组也是自 PS 开始就被广为接受的技术思维，所以也有人曾戏称 AE 如同"动起来的 PS"。此说法虽不算严谨，但可以在一定程度上帮助你理解 AE 的工作方式。

◎ 层组关系

除了我们所熟知的图层（AE 中的图层具有多个类型），AE 还加入了合成的概念，类似 PS 中的智能对象，它们虽不是完全相同的概念，但具备相似性。在一个合成中嵌套子合成，在各层级关系中可以几乎不受限制地进行动态编辑。而跨层级的属性变化可以自上而下进行控制，同层级自身带有的属性变化则是相互独立的。由此可见 AE 是"深不见底"的。

◎ 动态方案

AE 自带了极其多样化的动态效果实现方案。创建的各类型元素（包括但不限于图像、图形和文字）的基本属性都可以通过时间轴来记录变化，也可以添加像 PS 里的图层样式、动态的滤镜效果以及其他各种各样的特殊效果等。由此可见 AE 的"博大精深"。

图 2-2 AE 自身的强大功能

3. AE 丰富的扩展性

◎ 空间维度

AE 的很大一部分合成方案都是基于 2D 的方式来进行的，但它也具备 3D 的功能属性，包括简单的材质、灯光、强大的摄像机功能以及与之相匹配的各类特效属性。除此之外，AE 还可以导入 C4D 的文件来完成 3D MG 方案的后续制作流程。

◎ 扩展插件

AE 除了自身所附带的功能外，还有大量的第三方插件提供支持。涉及图层管理、2D 动画增强方案、粒子系统等，运用得当便可达到事半功倍的效果。

作为一个受到"八方支援"的工具，AE 自身也具备行业领先的强大实力，几乎是一个无法"学完"的工具。我们完全不用担心是否能实现我们想要的效果，而只需要把更多的精力放在创意上即可。

这里所指的扩展性，是基于 AE 这个工具的强大功能，它可以完成各行各业的动态图形实现方案。本书的研究方向是 MG，因此讲解的是与 MG 制作相关的技术。可以毫不夸张地说，制作 MG 只是 AE 的一小部分功能应用，还有很多我们不熟悉甚至未曾了解过的行业领域也可以使用到 AE。人的精力有限，无法面面俱到，但倘若将来有学习的需要，那 AE 这个你所熟悉的工具将会给你带来完全不一样的认知体验。

2.1.2 其他软件介绍

1. Apple Motion

Apple Motion 是苹果公司开发的动态图形合成软件，定位类似于 After Effects。除了传统的时间轴外，Apple Motion 上还有一套被称为"Behaviors"（行为）的系统，这是一套模拟真实场景和行为的预设效果功能。例如，设置一个对象做入场运动，配合"Gravity"（重力）行为，可以模拟出基于重力效果的真实运动曲线。通常在 AE 中，我们要完成物理模拟需要手动调节运动曲线，或者使用表达式。

Apple Motion 可以具备对动画效果进行复制的"Replicator"（复制器）功能，可对已有对象做指定大小和形状的复制，进而创建出丰富的规律运动。

自定义粒子效果。用户可以对绘制好的形状来快速设置副本，以及调整更多的细节参数来形成粒子发射效果，然后结合"Behaviors"功能快速做出复杂的动画。

除此之外，Apple Motion 具备对调整操作的录制功能，开启该功能后，在录制开启的时间段内对元素所做的调整都将会被记录下来。如果在开启录制功能的过程中选择了记录关键帧，则会将每次的调整都以关键帧的形式记录下来，以便后续进行更细致的调整。

总体来讲，Apple Motion 可以帮助用户高效地完成 MG 的制作，相对来说比较容易上手。但由于是 Apple 独家的软件，在平台上有一定限制，可以作为个人完成简单项目时的一个选择。

2. Cinema 4D

Cinema 4D，简称 C4D，是德国 Maxon Computer 公司开发的一款三维图像软件。它以高速运算和强大的渲染插件著称，应用范围包括广告、工业设计和影视等，一些著名的好莱坞影视作品也采用过 C4D 来制作 CG 特效方案。

MoGraph，这个功能可将简单的三维模型进行丰富的排列组合，高效而且方便。对简单的图像做丰富变化，正符合 MG 制作的思维方式。

Advanced Render，也叫高级渲染模块，具有多种着色选项，对环境光反射和材质凹凸的模拟都做到了质量与效率并重，相对来说容易操作，可以渲染出非常逼真的效果。

图 2-3 Cinema 4D

Dynamics，动力学系统，可以模拟真实的物理环境，能够实现重力、风和质量等效果。在 3D MG 里，对于真实环境的还原也是非常重要的一个环节。

以上仅为 C4D 在制作 MG 方面的一些常用功能介绍，此外还有很多强大的功能，感兴趣的读者朋友可以根据需要去进行深入学习。

长期以来，大家可能对于三维图像软件更为熟悉的是与 Adobe 公司并驾齐驱的另一个巨头 Autodesk 旗下的 Autodesk 3ds Max 和 Autodesk Maya。C4D 较这两个软件来说，最大的优势便是比较好入门，以及 AE 对其的直接兼容。对于之前没有使用过三维图像软件的读者来说，软件 C4D 是制作 3D MG 的一个较为不错的选择。

注：AE 在本书被作为学习 MG 的最佳推荐软件，是基于多方面考虑的结果。其强大的功能、优秀的扩展和兼容性，以及大量的使用者，都是我们选择它的重要因素。而可以用来制作 MG 的工具其实还有很多，各有优劣，在此不再进行更多的阐述。事实上，如前文所讲，软件工具并不是最为重要的，因为它们也是由人创造开发的，也在不断进步。现在推荐的工具，或许在将来某天不再是最佳选择。因此我们可以多了解一下同领域的相关资讯，形成优劣对比的思维，进而完善自己的知识体系。

2.2 学习 AE 的方法

学习一个软件和工具，需要掌握很多知识，并且还需要经过不断的实践操作来检验，进而做到熟能生巧。为了让大家能更好地进入学习状态，本节会介绍一些学习方法和建议。

1. 学习 AE 的基本方法

◎ 重视基础

学好任何一门制作技术的前提，都是要求我们具备一个良好的基础能力。所谓的 MG 基础，主要是对动画的理解，而软件操作的基础，则是对一些重要的基本功能有足够深入的了解和掌握。不用急于连续学习很多新的知识，而应该将所学的每一个内容都配合足够的训练来降低该知识被你遗忘的可能。

重视基础应该这样来理解：我们需要花更多的时间来挖掘已有技能的可能性，将学会的方法应用于你所能想到的所有方面。往往在技能方法的限制下，我们才能够挖掘出更好的创意。

◎ 学习是一个长期过程

这个问题我曾经在学习的过程中也遇到过，属于心态问题。看到了很多优秀作品，而产生了"我也想完成这样的作品"的想法，因此便开始努力学习。但我们通常会忽视优秀作品的诞生也是有一个过程的，大家都是从这样的阶段走过来的。

在刚开始学习的时候，我们可能无法顺利地完成案例制作，或者效果不尽如人意，以及会遇到一些意料之外的问题，这些都是很正常的。一方面本书会尽可能地针对这些内容进行特别讲解；另一方面也需要大家多进行举一反三的训练，这样才能逐步熟悉并提高。相比是否能完成我们所看到的那些优秀的作品，更重要的是要长期保持这样的追求。这个世界上最好的东西毕竟是少数的，能让自己在学习过程中有所提升，能够超越曾经的自己就是最大的成功。

学习 AE 除了内心方法和思维层面外，好的学习习惯也是必需的。下面我将给大家介绍一些我比较常用的学习方法，供大家参考。

2. 实用的学习技巧

◎ 定期阅读文档

AE 的官方文档里有最为准确和详细的功能描述与使用介绍，入门阶段我们不必急于深入，但学会基本操作之后就需要开始对文档进行深度阅读了。阅读文档可以用检索的方式来进行，如使用搜索功能搜索"关键帧"的条目，就可以从目录上看到涉及这个知识点的所有内容，以及这些内容所在位置。

◎ 对案例和创作过程进行记录

我们有时也会在网络上搜寻各类优秀的作品，有些分享者还会制作相关教程提供给大家学习。在看这些内容的时候，大家可以根据自己的学习情况把案例动手做出来，同时也建议大家对制作过程进行记录。

※ 创意思维

把观看感受和创意思路按照自己的理解进行整理。这些在刚开始的时候可能没有很多可以写的，但可以先记录下一些观看感受。

※ 技术

可以根据教程所讲，记录下使用的工具和方法。若为新知识的话，可以着重地进行整理，也可以把自己没能完成或者容易出问题的部分记录下来。也可以与其他学习 AE 的朋友进行交流，让自己更快地进步。

由于每个人的基础和天赋不同，学习软件时的接受程度也有所差异，所以从入门到提升的过程所花费的时间也各不相同，这是客观存在的情况。除此之外，每个人有不同的学习目标，而且学习的态度、动力和思维也存在差异。综合这些因素，最后的学习效果也是参差不齐的。

而无论是多么勤奋，或是有足够的动力来完成某件事，也难免会在某个阶段进入误区，感觉到自己停滞不前。从大的过程和方向来看，每个人都会或多或少地遇到这样的问题。

3. 其他建议

◎ 最低限度地坚持

学习 AE 时，给自己设定一个最低限度的任务。简单来讲，可以每天都去浏览一下关于 MG 的资讯，或者欣赏一件 MG 作品，并且对作品的观看感受进行简单的记录。这也是学习的一部分，能让我们锻炼审美和保持一种视觉敏感度。当然你有更多时间的话，也可以做更多的训练。

◎ 适当地休息

保持良好状态是为了更高效地学习与训练。我自己的学习经验告诉我，当自己一点也不想进行任何创作的时候，出一趟远门或许是个不错的选择。本书的其中一个案例便是我在爬山的过程中得到了灵感而制作出来的，大家不妨进行一下这样的尝试。

◎ 回眸刚开始的日子

以上所提的问题可能都不是让你最苦恼的，也许你的问题是学到一定阶段时不知道该如何继续下去了，或是觉得自己毫无进步，往往在这个时候最容易放弃。可以反过来去回忆一下刚开始学习的那段日子，你是如何从一无所知走到现在的。去看看当时做的作品，用现在的能力去改造曾经的作品，让它更加完善，这样可以见证自己的进步，同时会让你重燃信心。

2.3 每天进步一点，逐步掌握 AE

对于你来说，After Effects 也许是一个完全陌生的软件，或者你以前使用过类似的软件，但从现在开始，你将开始学习这个软件。我会安排 7 节的内容给大家，跟随每一节的内容进行学习、操作，你将掌握用 After Effects 创作 MG 的基本操作技术以及一部分扩展功能。这些知识与操作技巧可以应用在各种类型的 MG 创作中，因为这些内容属于核心技术。

学习完这些内容，你就可以进行一些简单的 MG 制作，同时这也是后续进阶提升的重要前提。一定要注意认真学习这个部分的知识和技巧，在后续的学习中会被反复使用。每个人的学习状态不同，重要的是你真正学会了这门技术。期待大家能顺利学完这些入门知识，也欢迎大家加入 QQ 群参与讨论和交流。

2.3.1 AE 的工作区与工作流程

1. 版本选择与设置

原则上推荐大家使用最新版的 AE，本书使用的是 CC 2017 版。AE 会向下兼容旧版本，简单来讲就是使用旧版本 AE 制作的源文件可以在新版本里正常打开（会有版本不同的提示）。但经过修改和保存之后，则无法在旧版本的 AE 里再次打开该源文件进行编辑，即无法向上兼容新版本（新版本 AE 通过另存为的操作可以存储向旧版本兼容的源文件，但兼容的版本数有限），这是需要特别注意的问题。

图 2-4 Adobe After Effects 学习与支持

AE 的安装、卸载、更新等问题，大家都可以在 Adobe 的官网找到相关信息。另外，大家在安装 AE 后，不要随意修改默认设置，以免遇到无法确认的问题而影响使用。关于此部分的详细内容，大家可以在 Adobe 的帮助页面里进行查看（启动 AE 后按键盘的 F1 键或者在菜单栏里找到帮助选项），此处不作详细说明。

图 2-4 为 AE 的帮助页面，这里建议大家进入第二项"用户指南"，在里面有新增功能的快速介绍，大家可以根据自己的需要进行了解。另外，还有详细说明的 PDF 文档可供浏览与下载。大部分常见问题都可以在帮助文档里找到答案，当然在案例讲解的过程中，我也会对关键的内容和注意事项进行细致的讲解。一切准备就绪后，我们就可以开始 AE 的学习了。

2. 启动 After Effects

由于每个人的计算机硬件配置的不同，AE 的启动速度快慢有别。和其他软件一样，经过启动图片并加载各模块与文件之后，AE 软件就打开了。

新版本的 AE 会有一个开始窗口，显示最近编辑过的项目文件，并且有快速新建项目和打开项目的按钮。单击新建项目按钮，新项目就创建完成了。若是关闭了开始窗口，软件也会默认帮你创建一个无标题的项目。

如果自己要新建项目可以通过执行文件 > 新建 > 新建项目菜单命令来完成，快捷键为 Ctrl+Alt+N（Windows），command+option+N（Mac OS）。

图 2-5 Adobe After Effects 开始页面

3. After Effects 的工作区

为了使大家能快速地认识 AE 的工作区，我们先创建一个合成，让常用菜单变为可用状态，这样就可比较方便地认识各种工具并进行操作。让我们用快捷键新建一个合成，Ctrl+N（Windows），command+N（Mac OS），这里我们先暂时略过设置的细节，直接单击 Enter 键，然后开始了解 AE 的工作区。

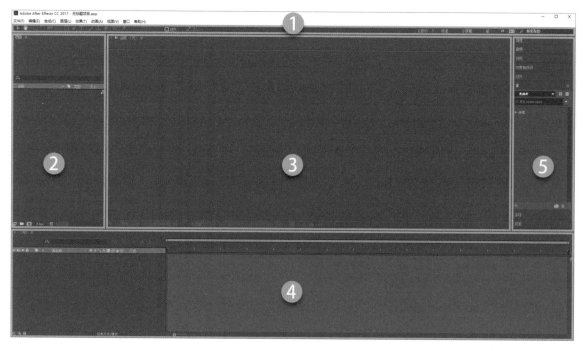

图 2-6 After Effects 的工作区

◎ 工具栏

顶部横向排列着图标的就是工具栏，在上面可以看到一些熟悉的工具，如选取工具和抓手工具等，将光标停留在各工具的图标位置会显示该工具的名称以及对应的快捷键。其中，图标右下角带有三角形的即代表此为折叠工具组，单击三角形即可展开工具组的折叠选项，从而切换不同的工具。用快捷键操作是连续按下该工具组对应的快捷键，如形状工具组可以通过不断按下 Q 键来切换为矩形工具、圆角矩形工具、椭圆工具、多边形工具和星形工具。

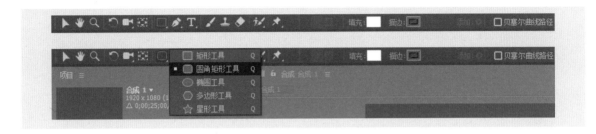

图 2-7 After Effects 的工具栏

◎ 项目窗口

项目窗口的上半部分显示当前所选项目的基本信息，如项目内创建的合成、文件夹，或者导入的其他文件的信息等；下半部分则显示该项目创建与导入的各类文件（包括合成、文件夹和导入的其他文件等）。选中项目中的不同文件后，项目窗口就会显示基本信息。例如，刚才创建的合成，默认为选中的状态时，项目信息处则会显示合成的尺寸、时长和帧速率等（后文会依次介绍这些基本概念）。

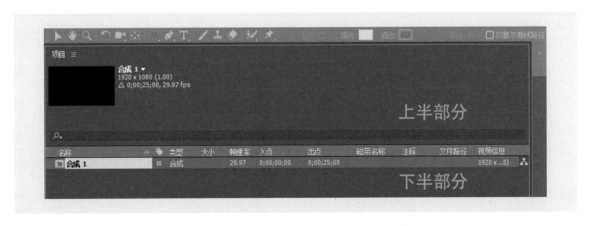

图 2-8 After Effects 的项目窗口

◎ 合成窗口

合成窗口也可以叫舞台窗口，AE 合成里的动画元素组合和效果预览等操作都会在合成窗口里呈现出来。合成窗口可以显示不同层级的内容信息，通常可以通过不断地双击包含多层级的合成与素材文件进入下一个层级（与 AI 的操作逻辑相似）。在合成窗口可以开启多个选项卡，通过单击可以进行切换显示以及关闭不需要的选项卡。

图 2-9 After Effects 的合成窗口

◎ 渲染队列（和时间轴重叠）

当我们准备把编辑好的文件导出为视频的时候，会通过添加到渲染队列的操作来进行渲染设置。按照需要完成设置并开始渲染，之后再导出视频（有关这部分的详细讲解请看后续的视频教程）。

◎ 图层与时间轴

在 AE 里导入的所有素材，都会分别成为一个图层，且都具有独立的时间轴，可以进行动画的调节。在图层面板的空白处单击鼠标右键，选择"新建 > 形状图层"，便完成了一个形状图层的创建。同时，能看到右侧的时间轴面板出现了跨越的时间线和与图层齐平的图层轨道。图层与时间轴就是这样一组具有因果关系的功能，图层面板较为复杂，有多种类型的开关，其中一部分功能需要在今后的学习中进一步掌握；而在时间轨道上，我们可以看到基于图层状态变化的各个时间段标记，也就是关键帧。

图 2-10 After Effects 的图层与时间轴

◎ 右侧功能组

这个区域默认有多个常用功能，比如信息会显示光标所处位置的 RGB 色值以及坐标等简单而实用的信息，类似项目窗口的上半部分。预览功能可以对调节好的动画进行预览，可以自行设置此功能的快捷键。

从图 2-11 中可以看到，每一个功能面板的标题右侧都有一个三条横线的图标，单击后可以对该面板进行操作。比较常用的是将面板变为浮动面板，这样可以自由地拖曳，方便工作。如果你想放回原处，则需要拖动面板标题和三条横线图标中间的空白部分。如果你关闭了面板，则可以在菜单栏的窗口菜单下找到并调出它来，它会保持你关闭前的显示状态（如是否为浮动状态）。

图 2-11 After Effects 的浮动面板

4. 工作区的设置方法

新手在入门阶段可能会遇到这样的问题：因为好奇，把默认工作区搞得乱七八糟，之后无法还原之前的布局，影响了学习和使用。AE 里有一个非常快速恢复默认工作区的方法，就在工具栏右侧，可以看到"必要项"呈高亮颜色显示，如"默认""标准"。而它右边同样有三条横线的图标，单击后选择"重置为已保存的布局"，这样 AE 就能恢复默认的布局。你可以放心大胆地尝试，待熟悉了这些功能后，可以根据需要进行个性化的布局。

前文在讲述工作区的时候，提到了一些基本概念，需要进一步讲解。从 AE 工作区开始到后面的一些基本概念，需要一定的时间来理解和记忆，你可以经常回到这个部分来进行查阅。

5. 必要的基本概念

◎ 项目文件

项目文件就是 AE 创建并保存的文件，通常为 *.aep 格式。AE 的项目文件更像是一个包含对项目素材的记录和索引，以及可反复对项目素材进行管理与加工的文件。AE 的项目文件会对在 AE 中创建的图层内容进行保存，而对外部引用的素材和其他源文件（如视频和图片文件）则只会保存为该文件的链接。因此如果移动过引用素材的位置，甚至删除了素材的话，那么打开 AE 项目文件后就会缺失这些内容。

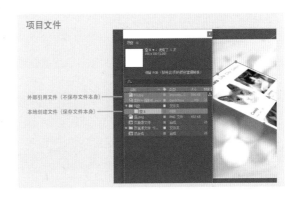

图 2-12 After Effects 的项目文件

◎ 合成

合成是一个可包含多图层的集合，渲染导出的视频都是基于合成这个框架而来的，它类似Flash 中的影片剪辑。前文对工作区进行讲解的时候，快速建立过合成，这里对合成的参数设置进行说明（见图 2-13）。新建合成的操作可以使用快捷键 Ctrl+N（Windows），command+N（Mac OS），也可以单击项目窗口下方的合成图标。

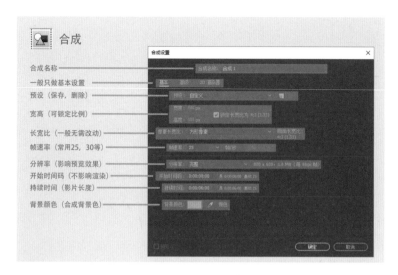

图 2-13 After Effects 合成设置

新建合成后，会出现合成设置的浮动窗口。同样，建好之后想要修改的话，也可以再次调出该窗口进行修改。如果要对项目窗口中的合成进行设置调整，单击鼠标右键选择合成设置就可以了，也可以使用快捷键 Ctrl+K（Windows）或 command+K（Mac OS）来调出合成设置面板。

◎ 合成设置的参数

合成名称下方，有三个标签，分别为"基本""高级"和"3D 渲染器"。大部分情况下，我们用到的是"基本"这个部分的设置。预设可以帮助你储存常用的自定义设置，宽度和高度与 PS 画布里的概念类似，可以对长宽比进行锁定。设置 MG 作品的长宽比时，选择默认设置即可。帧速率就是每秒切换的画面数，一帧就是一个画面，同样我们一般也都选择默认的 25。分辨率是用于预览的设置，并不影响最终渲染的质量，在这里我们可以使用完整默认选项。开始时间码和持续时间就是字面意思，通常情况只设置持续时间。

◎ 时间轴动画

AE 的时间轴动画是基于图层属性的变化来实现的。简单来讲，每个图层具有各种属性，如大小、颜色和位置等。通过在某个时间点对这些属性进行记录，叫作记录关键帧。然后在另一个时间点对属性进行调整，记录下至少两个属性变化的关键帧，AE 会自动补全变化的过渡状态，与 Flash 中的创建补间动画类似。另外，可以通过时间控制来编辑动画效果的快慢节奏，将简单的属性变化变得丰富而有趣。

6. After Effects 的工作流程

AE 的工作流程一般包含创建与设置、导入素材、组织素材、制作动画、调整效果和渲染导出这几个部分。前文讲解工作区的过程属于创建与设置的流程，已介绍了相关的知识点。

◎ 导入素材

这个环节是对动画元素的创作，通常工作中会需要绘制各种各样的图形，也可以将绘制好的素材从外部导入 AE。可以根据设计思路进行选择，将所需要的素材内容在这个阶段准备好。

◎ 组织素材

根据动画设计，将素材根据场景和情节进行组织安排。比如在创建不同的合成时，可以分配好图层的顺序。

◎ 制作动画

由于已经有了创作思路，并且组织好了各部分的素材，接下来就需要开始进行动画的制作了。我们通常根据需要会进行属性动画、添加效果以及粒子特效等方面的操作，这样就完成了整个 MG 项目的初步效果。

◎ 调整效果

这一步非常重要，也比较耗时。调整效果需要做的是对动画节奏的调整，具体的操作中可能会涉及编辑运动曲线、使用表达式控制、调整层级结构或优化制作方案等。最后调整的目的就是让简单的属性变化变得更加丰富，充满创意。

◎ 渲染导出

根据需要设置好格式就可以导出项目了，导出后通常是一个视频文件。这一步是创作流程的最后一步，有时也会在流程中间预先渲染一部分出来查看一下效果，看看是否有不足之处，如果有就及时加以调整。

注： 对 AE 的工作流程讲解更多的为了让大家在使用 AE 创作 MG 时有一个基本的认识。在大部分情况下，创作 MG 的流程是相互重叠的，或者说是存在重复某些步骤的情况。因为我们是以效果为导向的创作思维，在实际制作过程中，容易发现预先设定的动画设计存在一些问题或者不够完善，那么在流程中就要调整和重新设计，甚至会在渲染导出以后，发现某个不满意的地方，再回到前面的步骤里重新制作。

---

7. 案例："欢迎开始学习 MG"

接下来，我将通过一个简单的案例，让大家实际感受一下如何根据上述流程来完成一个 MG 作品。

扫描二维码

查看案例最终效果

◎ 分析与构思

首先，由画面外入场的是一个圆形，圆形变为笑脸，字幕淡入，如图 2-14 所示。

图 2-14 案例截图 1

随后通过模拟单击鼠标，载入一段新的 MG 作品，之后 3 个弹球开始变为曲线，形成字母 M 和 G。

图 2-15 案例截图 2

字母完成后出现礼花特效，文字完整出现，随后出现下面的字幕："Welcome to Motion Graphics World"。

图 2-16 案例截图 3

这个案例的主要目标是演示 AE 的工作流程和基本操作，整个案例比较简单，其中后半段的 MG 演绎作品为已经制作好的视频素材。

◎ 制作圆脸，导入表情素材

首先，新建项目，快捷键是 Ctrl+Alt+N（Windows）或 command+option+N（Mac OS）。然后新建合成，快捷键是 Ctrl+N（Windows）或 command+N（Mac OS），合成设置的参数，如图 2-17 所示，宽度为 800 像素，高度为 600 像素，帧速率为 25 帧 / 秒，持续时间为 6 秒，最后单击确定按钮。

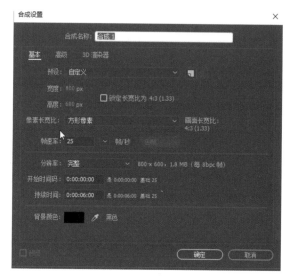

图 2-17 合成设置

创建一个纯色图层，快捷键是 Ctrl+Y（Windows）或 command+Y（Mac OS），然后使用形状工具里的椭圆工具，在按住 Shift 键的同时拖出一个圆形，如图 2-18 所示。

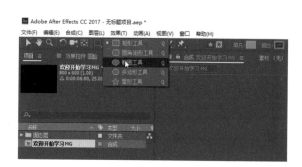

图 2-18 创建圆形

● 在未选中任何图层的情况下使用形状工具会自动创建一个形状图层，并可以绘制出形状。

● 如果在选中图层的情况下使用形状图层，则可以使用形状工具给该图层创建出蒙版。

● 除此之外，可以通过光新建形状图层，选中该图层后再使用形状工具来绘制想要的形状。

选中这个圆形图层，将图层名称改为"圆脸"，快捷键是 Enter。接下来展开形状图层的属性层级："内容 > 椭圆 > 椭圆路径"，将"大小"改为"200，200"（数字左侧的图标表示宽高锁定），然后继续展开"内容 > 椭圆 > 变换"，将"位置"改为"0，0"，这样圆形便会移动到画面中心。

图 2-19 调整图形的位置

完成圆形的绘制和调整后，打开附赠的下载资源，把预先绘制好的"表情 .png"素材文件拖入 AE 的项目窗口，如图 2-20 所示。

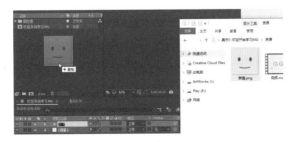

图 2-20 导入图片素材

之后再把图片素材拖入合成，拖曳至靠近中心点的位置，会自动锁定到形状的正中心。随后对表情和圆脸两个图层做父级绑定，单击表情图层右边的关联器图标，按住并拖曳到圆脸图层上。完成父级绑定后，表情图层关联器右侧的下拉选项就自动填入了圆脸图层的名称，如图 2-21 所示。

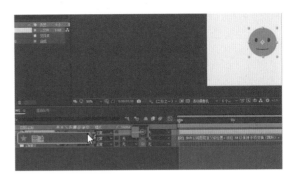

图 2-21 设置父级关系

● 绑定父级的操作也可以直接通过在关联器右边的下拉选项中选择需要绑定到的父级图层来完成。

● 已成为父级的图层，移动的时候会使子级图层跟随父级图层移动，而子级图层本身的移动则不会影响父级图层。

◎ 调节属性，创建动画

到这一步，需要开始调节属性并创建出动画。前面简单讲过 AE 的时间轴动画原理，在这里可以具体操作给 AE 创建动画的步骤。AE 中的每个图层都具有自己的各项属性，属性值各不相同。这些属性都有关键帧记录的功能，通过单击属性左侧的秒表图标来记录一个关键帧。然后改变时间标尺的位置，拖拉至想要的时长位置，修改属性的数值（例如，把不透明度的参数从 100% 改为 0%），这样秒表会记录下第二个关键帧，由此便完成了一个最简单的动画创建。随后通过在两个关键帧之间来回拖拉时间轴，就可以预览状态的变化。

将"表情"素材图层的透明度改为 0%（快捷键是 T），这时不要单击秒表记录。把时间轴拖拉至"0：00：00：12"的位置，展开"圆脸"图层的属性："变换 > 位置"（调整位置属性的快捷键是 P），单击秒表记录当前参数，如图 2-22 所示。

图 2-22 记录位置变化的关键帧

之后再把时间轴的位置拉至"0：00：00：00"，按住 Shift 键向下拖曳圆脸图层（注意，需要按一下快捷键 V 切换回选择工具），将其拖出合成舞台。

★ 提示

● 图层面板左上角的时间码有两种格式，默认以时间方式来显示，时间下方以帧的方式来显示，可以通过按住 Ctrl 键（Windows）或 command 键（Mac OS），再单击这个区域来切换显示方式。

● 修改属性参数，除了单击数值输入之外，还可以使光标靠近属性参数变为左右箭头的形式，这样再按住鼠标左键左右拖拉就可以改变参数的大小。

● 调节动画的技巧 1：在舞台中的动画，从时间轴起始位置开始记录关键帧；从舞台外进入的动画可以先把时间轴拉至入场后的时间点记录关键帧，再拉回开始的位置调整起始状态的属性参数。

● 调节动画的技巧 2：对基本运动类的属性可以直接通过在图层对象上拖曳、旋转等方式进行调整，按照自己的需要来设置参数。

时间轴"0：00：00：00"的位置，是对缩放属性记录关键帧，并且把值改为 60%，然后把时间轴拖到"0：00：00：12"的位置，缩放值改为 100%（调整缩放属性的快捷键为 S）。

在时间轴"0：00：00：12"的位置，调整"表情"图层的不透明度参数并记录一次关键帧。在时间轴"0：00：00：24"的位置，把不透明度改为 100%。

在时间轴"0：00：01：00"的位置，把位置参数的关键帧复制一次。首先，拖曳时间轴到需要粘贴关键帧的位置，然后用单击需要复制的关键帧，激活后按复制快捷键 Ctrl+C（Windows）或 command+C（Mac OS）复制，再按粘贴快捷键 Ctrl+V（Windows）或 command+V（Mac OS）进行粘贴。另一种操作方法，是在位置属性的秒表图标左侧，单击一下关键帧图标，这样就能新增一个关键帧。

在时间轴"0：00：01：12"的位置，修改位置属性的第二个参数，也就是 y 轴的值，让光标靠近参数并按住左键拖曳，这样可以快速改变参数值，如图 2-23 所示。

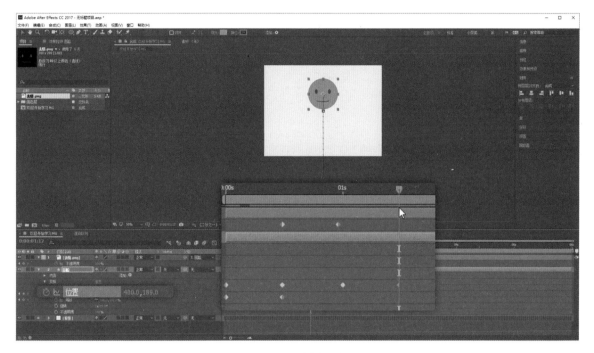

图 2-23 圆脸表情调整

注： 关于时间和动画的描述，更为有效的方式是按照跨度描述。例如，某个属性变化的持续时间为 1 秒，即"0：00：00：00"至"0：00：01：00"。帧跨度为 25 帧，即"00001"至"00025"（在帧速率为 25 帧 / 秒的前提下）。后文将会使用这样的方式来描述。

之后开始创建文字内容，快捷键是 Ctrl+T（Windows）或 command+T（Mac OS），输入"MGman"，字号为 28 像素，然后退出编辑模式，快捷键是 Ctrl+Enter（Windows）或 command+Enter（Mac OS）。然后使用对齐工具（菜单栏：窗口 > 对齐），使文字与圆脸水平居中对齐。

调整文字图层的透明度，创建一个透明度从 0% 到 100% 的动画。关键帧位置介于圆脸图层第二次上升的过程中，时长为 0.5 秒左右。复制文字图层，快捷键是 Ctrl+D（Windows）或 command+D（Mac OS）。向下拖拉复制的文字，修改文字为"Motion Graphics fun"，字号改为 16 像素。

调整"Motion Graphics fun"文字图层的动画节奏，框选两个关键帧，向后拖至一定的位置。视觉层次可以通过不断地预览来微调，预览的默认快捷键为 Space（空格键），使"MGman"和"Motion Graphics fun"依次出现即可。最后把"Motion Graphics fun"文字图层的不透明度降为50%,以增强对比和增加层次感,如图 2-24 所示。

图 2-24 字幕动画调整

接下来绘制按钮。使用形状工具中的圆角矩形工具,设置宽为120像素、高为30像素,画出一个圆角矩形。如圆脸图层一样展开其属性:内容 > 矩形 > 变换 > 矩形,将位置改为"0,0",使其移至画面中心。当把这个按钮拉下来之后,会发现其形状内部的中心点也跟着一起移动了,而作为图层本身的中心点并没有跟随移动,这时候需要手动移动一下图层的中心点。

打开标尺,快捷键是 Ctrl+R(Windows)或command+R(Mac OS)。建立横竖参考线,在两个方向均分按钮,参考线交汇的地方就是按钮图形的中心,操作完毕后注意锁定参考线(菜单栏:视图 > 锁定参考线)。之后使用中心点工具(快捷键是 Y),按住鼠标左键,移动中心点,当靠近参考线的交汇点之后会发现有自动吸附的效果,这样就定位好了中心点,如图 2-25 所示。

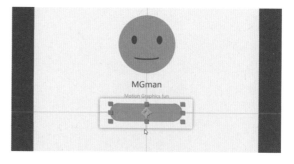

图 2-25 制作按钮

● 快速查看是否激活了关键帧记录的属性的快捷键是 U，再按一次 U 键是收起。

● 展开常用属性的快捷键是连续按两次 U 键，之后再按一次 U 键是收起。该操作并不能把所有属性展开，需要以手动的方式把图层的所有可用属性展开。

把时间轴拖至第二行字幕升起后 0.5 秒左右的位置，记录此位置的关键帧（快捷键是 P），并记录一下透明度变化的关键帧（快捷键是 T）。之后按 U 把这两项展开，往回拖关键帧，并调节出淡入舞台的动画（透明度为 0%~100%，位置属性里 y 的参数由下往上升），持续时长 0.3 秒左右。

复制第二行文字，拖拉至按钮上方，修改文字为"Begin"，把颜色改为白色。使用关联器让文字跟随按钮图层运动，但透明度的参数需要单独调整，完成后如图 2-26 所示。

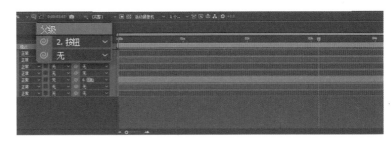

图 2-26 按钮文字属性调整

接下来需要制作光标。绘制直径为 20 像素的圆形，填充为白色，透明度改为 70%。制作一个斜向淡入到按钮位置的动画，时长为 0.5 秒，如图 2-27 所示。

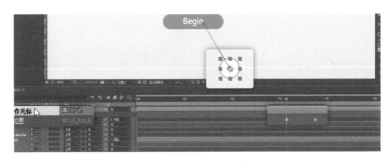

图 2-27 光标移动动画制作

最后制作按钮按下的状态。展开按钮图层的属性：内容 > 矩形，重命名这个矩形为"按钮"并复制这个"按钮"，把复制后的图层重命名为"按下"。在"按下"图层的右边可以看到一个下拉选项，默认所选为"正常"，我们单击它，选择"色彩增殖"（类似 PS 中的"正片叠底"），如图 2-28 所示。

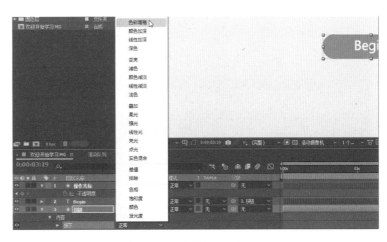

图 2-28 制作按钮按下的状态

接下来调整按钮按下时的动画，把"按下"这个圆角矩形的不透明度从 0% 调到 100%，再调到 0%，跨度总共为 6 帧。这样相当于每个变化状态都间隔 2 帧。之后把 3 个关键帧框选住并拖曳到合适的位置，如图 2-29 所示。

图 2-29 制作按钮按下时的动画

全选所有图层，快捷键是 Ctrl+A（Windows）或 command+A（Mac OS），把图层收起之后，复选"操作光标"和"背景"图层之外的所有图层，按住 Shift 即可完成复选操作。之后要为这些选中的图层创建一个预合成，快捷键是 Ctrl+Shift+C，将预合成命名为"开始页面"，单击"确定"按钮，如图 2-30 所示。

图 2-30 创建预合成"开始页面"

对预合成的不透明度和位置属性进行调整，使其在 0.5 秒的时间内完成向上退场。改变不透明度，把"操作光标"图层做一个原位置的淡出，这样核心效果就完成了。

◎ 导入视频素材

把预先做好的视频素材文件导入项目窗口，再将其拖入合成窗口里。实际上，图层在时间轴上是一个可以拖曳的轨道，选中视频图层，按住鼠标左键同时往右拖曳，拖曳至 6 秒的位置，如图 2-31 所示。

图 2-31 调整视频开始时间

接下来修改合成的持续时间，可以在项目窗口中选中合成，按右键选择合成设置，快捷键是 Ctrl+K（Windows）或 command+K（Mac OS），把持续时间改为 13 秒。这时可以发现合成轨道变长了，需要把背景图层也变为 13 秒。操作方法是选中背景图层，光标靠近图层轨道右侧的结束处，可以看到光标发生了变化，按住鼠标左键，往右拖曳，到 13 秒的位置时放开，如图 2-32 所示。

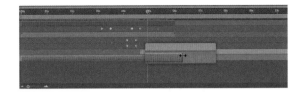

图 2-32 延长背景图层的持续时间

最后只需要微调合成的时长，拖动视频图层轨道的位置，找到合适的衔接节奏即可。

◎ 保存与渲染

完成制作后，需要对文件进行保存。AE 中保存文件的方法与其他软件相同，执行"文件 > 保存"菜单命令即可，快捷键是 Ctrl+S（Windows）或 command+S（Mac OS）。除此之外，还有兼容性保存选项，执行"文件 > 另存为 > 将副本另存为 CC（13）…"菜单命令，如图 2-33 所示。此选项能保证 AE 储存的文件具备有限的向下兼容性，只要不是过于旧的 AE 版本均能打开这样保存的源文件。

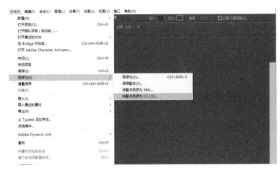

图 2-33 兼容性保存方式

接下来需要把制作完成的动画渲染为影片，执行"文件 > 导出 > 添加到渲染队列"菜单命令，快捷键是 Ctrl+M（Windows）或 command+M（Mac OS），之后渲染队列窗口会打开，可以对渲染相关的一些选项进行调整。

图 2-34 渲染设置区域和操作区域

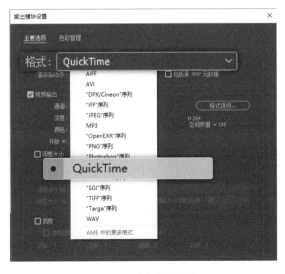

单击输出模块，弹出输出模块设置对话框，在格式的下拉选项中选择 QuickTime，如图 2-35 所示。注意，Windows 系统需要单独安装 QuickTime 播放器才有此选项。若无 QuickTime，也可以选择 AVI 等 Windows 自带的编码器格式。

图 2-35 输出模块设置

单击"格式选项"，弹出
"QuickTime 选项"（其他格式
弹出对应选项），在视频编码器
下拉选项栏中选择"H.264"，
如图 2-36 所示。

图 2-36 格式选项

设置完毕后单击操作区域右
侧的"渲染"按钮，即可开始渲
染，如图 2-37 所示。渲染完成后，
软件会发出清脆的提示音。

图 2-37 渲染视频

◎ 关于视频格式的说明

上述内容中所讲的仅为一些推荐设置，事实上在视频格式与编码器设置的相关选项中，还有非常多的知识
和概念，此处不作更多的说明。在 AE 的官方文档中有进一步的讲解，感兴趣的读者可以去查阅。

◎ 案例小结

这个案例的主要目的是让大家熟悉 AE 的工作区，以及基本的创作流程。关于 AE 的重点入门知识，主要
就是了解时间轴与属性变化的关系。AE 支持非常多样的属性动态变化，有一些是调节参数，有一些则可以直
接在对象上做操作（如调整位置参数可以通过拖动元素本身来记录变化）。当然，随着学习的深入与创作思路
的变化与提升，制作的动画效果也会逐步地丰富，并且更加生动起来。

8. 训练任务

请跟随案例讲解视频，完成这一小节的案例制作。
大家可以在制作过程中增加一些属性的动态变化，如
把圆脸图层的颜色改变一下等。只要能跟随案例重现
效果，那么就算是掌握了 AE 的基本操作方法了。

扫描二维码

查看案例讲解视频

2.3.2 合成嵌套、遮罩与时间控制

1. 合成嵌套

前文中的案例简单介绍了预合成的概念。通过在合成里选择所需要的图层，然后快速建立一个合成，这样就能对这些对象进行统一控制，比如调整不透明度或运动状态等。这是一种非常重要并且常用的方式，因为在分析并且制订一个 MG 制作方案的时候，需要把整个方案的逻辑关系整理清楚，确定动画的包含关系。合成嵌套可以预先进行，制作的过程中也可能用到，一切以完整而连贯的创作思路为导向。

2. 遮罩

遮罩主要是由形状工具创建蒙版以及轨道遮罩。关于用形状工具创建蒙版，可以是在图层中使用形状工具，或是在工具选项中选择工具创建蒙版的方式。通常在我们导入的 PSD 源文件中，选择保留最大的编辑性设置后，其中的矢量图层会被 AE 以蒙版的方式导入。蒙版可以选择加、减、交集等选项来决定显示的区域，并且蒙版还支持扩展、羽化，甚至是形状改变等属性变化。此外，也可以对形状图层中的图形元素，直接在其原位置创建一个相等大小的蒙版，该方法在后文的案例演示中也会讲到。通过形状工具创建蒙版，便于对蒙版进行绘制，也能够对已有的静态与动态对象进行快速区域限制或是用于制作路径动画。因此，用形状工具创建蒙版的适用范围非常广。

轨道遮罩则是一种能够将任意形状、图片甚至文字作为遮罩来限定一个对象的显示区域，把图层面版左下方的第二个开关打开，用下拉选项来快速创建，有正反和正反亮度遮罩 4 种选项。从遮罩的角度来说，可选择的属性有限，但是这种方法可以保留作为遮罩的图层对象原本具备的所有属性，可以任意地对其添加丰富的效果。相比通过形状工具创建蒙版，也可以先绘制好形状对象，再来考虑是否将其作为遮罩。这是一种非常常用的遮罩类型，需要熟练掌握。

3. 时间控制

时间控制可以理解为一种对动画节奏的控制，是一种制作思路衍生出来的多种功能与方案的集合，较为复杂，属于 AE 中很重要但也具有难度的知识点。初学时间控制，我会教大家使用简单的操作方法来完成一些生动的效果。随着学习的深入，书中会有专门的章节来探讨这部分的制作技巧。以下简单介绍一下本节案例会使用到的一些控制方法与相关功能。

AE 可以对已有的关键帧做辅助变化，比如缓入、缓出。此种操作属于最为简单的运动节奏控制方法，遗憾的是通常这种设置对于 MG 创作而言，难以见到很明显的且令人满意的效果。但可以以关键帧辅助来作为一个起点，引出背后最为重要的知识点，那就是动画曲线的编辑。该功能在图层面版顶部，与时间轴邻接，叫作图表编辑器。需要选中一个已经进行过动画制作的属性（两个以上的关键帧），然后再单击图表编辑器，即可打开这个功能。

除此之外，还有一些专门对运动效果进行控制的特效命令，如时间特效，MG 中经常被提到的一些常用的表达式控制就属于时间特效。通过时间特效来对一些动态效果进行控制，可以模拟出丰富的运动效果。基于对物理现象和力学原理的模拟，能够让 MG 中的抽象元素充满现实场景的隐喻感，大大增加了趣味性。

4. 案例："Day and Night"

◎ 分析与构思

云朵、太阳、字幕从不同方向进场，由简单的元素快速构建出白天的场景，如图 2-38 所示。

扫描二维码

查看案例最终效果

图 2-38 案例截图 1

如图 2-39 所示，自画面正下方从左至右呈扇形转场，转场过程中带动了云和字幕的弹性效果变化，同时黑夜的场景呈现。

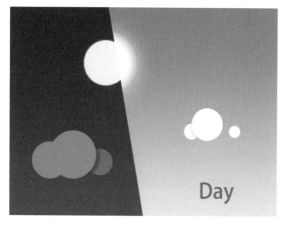

图 2-39 案例截图 2

如图 2-40 所示，黑夜元素（如月牙、星星等）开始进一步出现。通过如同舞台剧一样的方式来诠释日夜的更替，正如我们每个人的生活所体现的，一样充满了故事。

图 2-40 案例截图 3

拆解、分析完画面之后，需要思考一下制作思路和方案。虽然大家现在还不会具体的操作，但可以先通过之前的介绍来理解。整个案例的核心效果就是使用遮罩来切换两个画面，这其中还包含了一些有意思的细节，如云的转换如同被刷上了新的色彩，日月转换也使用到了遮罩和其他的特效。这个制作大体上比较简单，但总会有些细节值得去好好思考，这大概就是 MG 的魅力所在吧。

本节的视频讲解中会有更丰富的内容，再现了真实的项目创作过程中所遇到的问题，同时也提供了解决问题的过程。图文的步骤讲解会把本书案例涉及的操作步骤呈现出来，同样也为大家准备好了素材资源，学习时直接导入使用即可。

◎ 创建合成，导入素材

新建项目并新建合成，宽、高依然是 800 像素和 600 像素，帧速率为 25 帧 / 秒，持续时间 6 秒，合成的背景颜色可以随意设置。把素材文件"Day and Night.psd"拖入项目窗口，这时候会出现提示对话框，导入种类选择"合成 – 保持图层大小"，图层选项选择"可编辑的图层样式"，如图 2-41 所示。

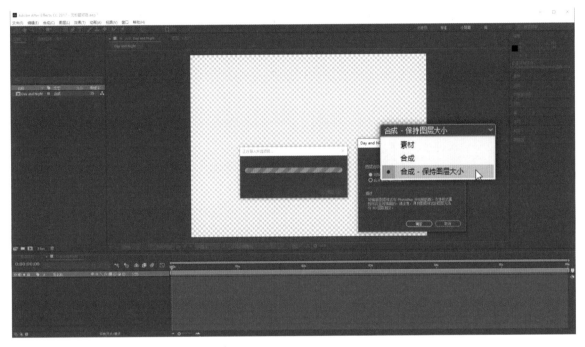

图 2-41 创建合成，导入素材

导入素材后发现图层是全部堆到一起的，接下来需要拆分这些图层，把白天和黑夜两个部分拆分开。可以在 AE 里操作，也可以到 PS 里给两个部分分别编组后保存，再导入 AE。在 AE 里的操作方法：复选所有关于白天场景的图层，并且创建预合成，命名为"Day"，剩余的图层为夜晚的图层，同样复选后创建预合成，命名为"Night"。

◎ 核心转场效果

新建形状图层，用椭圆工具绘制一个圆形，命名为"转场"，使其与背景中心对齐。关闭填充，打开描边（"转场"图层属性：内容 > 椭圆 1，描边 1 和填充 1 两个属性左侧有"眼睛"图标，把填充 1 的"眼睛"图标关闭即可）。

把描边属性的数值调大，使其填满整个圆形的内外区域（如同"填充"效果）并选择"转场"图层属性（内容 > 添加 > 修剪路径），如图 2-42 所示。

添加修剪路径后，"转场"图层会增加一个属性分类：内容＞修剪路径，它有3个属性：开始、结束、偏移。将"开始"设置为75.0%，"结束"设置为25.0%，"偏移"设置为0x+180.0°，如图2-43所示。记录关键帧，把整个圆形拖至舞台下方，让圆形的中心点与合成舞台的下边缘对齐（中心点可以稍微再往下移动一点）。

图 2-42 添加修剪路径

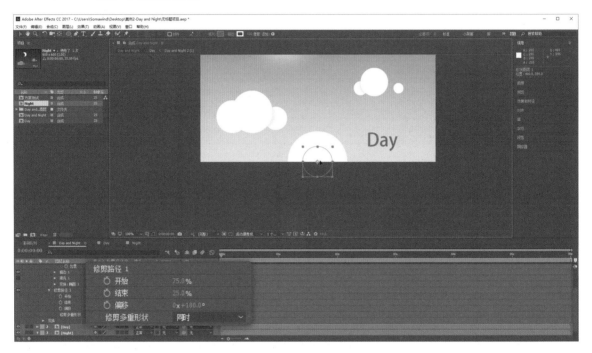

图 2-43 调整转场中心点

扩大整个圆形，修改"转场"图层属性：内容＞椭圆1＞椭圆路径1，把"大小"的值改为1303，"描边"值改为1298（这里可以统一改为1300，小的误差不影响效果），描边值可以在工具栏上直接修改。检查"转场"图层是否已经覆盖了整个合成，再调整"转场"图层属性：内容＞修剪路径，可以通过拖拉来改变"偏移"的属性值，如图2-44所示。

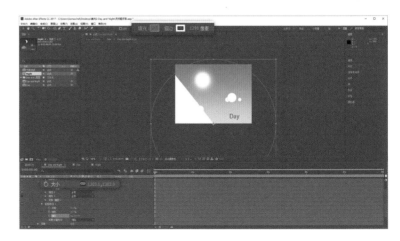

图 2-44 制作转场动画

选中预合成"Day"，将轨道遮罩设置为 Alpha 反转遮罩"转场"。图层面版左下角的第二个图标为轨道遮罩开关，打开后可以看到图层面版新增了下拉选项，位于关联器左边，名称为"T TrkMat"，单击下拉框的时候，名称会变化为"轨道遮罩"，如图 2-45 所示。

图 2-45 设置 Alpha 反转遮罩

展开"转场"图层属性：内容 > 修剪路径，对"偏移"属性做关键帧动画，属性值为"0x+0.0°"到"0x+180.0°"，时间跨度为 1 秒。

框选偏移属性的两个关键帧，单击鼠标右键选择"关键帧辅助 > 缓动"，快捷键是 F9（Windows）或 Fn+F9（Mac OS），关键帧形状从"菱形"变为了"漏斗状"。单击"图表编辑器"图标进入动画曲线编辑模式，或按快捷键 Shift+F3，再按一次图标则切回图层模式，如图 2-46 所示。

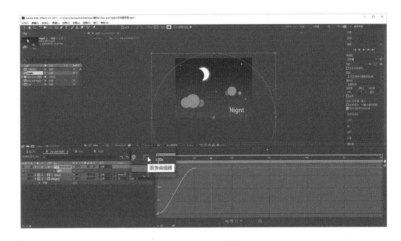

图 2-46 打开图表编辑器

● 当前案例的图表编辑器知识，仅需要跟随讲解完成操作即可。

● 动画曲线基于贝塞尔曲线的原理，与 PS 和 AI 一样，都通过手柄来控制弯曲度。

● 如果对曲线效果不满意，又无法调整回去，可以切回图层模式删除并重新建立关键帧，之后再进入图标编辑器来调节。

此外，可以看到曲线偏向"S"形，通过键盘的"+"和"-"键来缩放曲线图表的尺度会更加方便。选中曲线中的一个锚点，可以看到水平的调节手柄，按住 Shift 键拖拉可以增加其曲度，对两个锚点的曲度都调整一下，如图 2-47 所示。

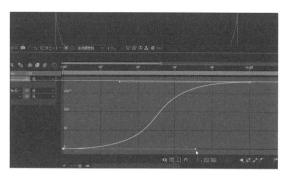

这个部分我们可以反复调整和预览，直到觉得满意为止。另外，在曲线图表空白处可以单击鼠标右键，选择"自动选择图标类型"，这样可以保证与教程中的图表呈现方式一致。详细的知识点和操作演示会在后文向大家展示。

图 2-47 调节动画曲线

◎ 云层分离效果

双击进入"Day"和"Night"两个预合成，把与云相关的图层复选后剪切到外部合成，剪切快捷键是 Ctrl+X（Windows）或 command+X（Mac OS），粘贴快捷键是 Ctrl+V（Windows）或 command+V（Mac OS）。

复制转场层，分别放置在与"Day"相关的云图层上方，并对每一个与"Day"相关的云图层设置"Alpha反转遮罩"，如图 2-48 所示。

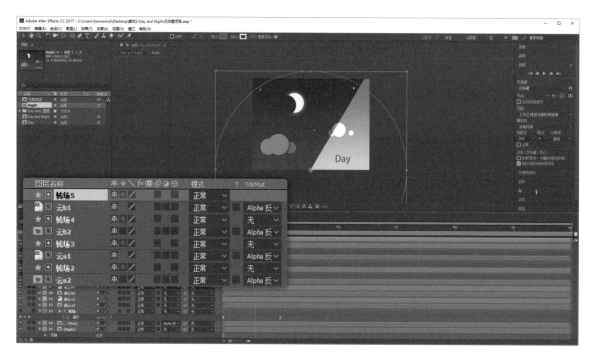

图 2-48 为云层单独设置遮罩

使用关联器，把合成"云 a2"的父级关系链接到图层"云 a1"，拖拉时间轴到如图 2-49 所示的位置，即转场刚好触碰到云的一那帧。对图层"云 a1"的位置属性记录关键帧，再继续拖拉时间轴，到转场离开云层的位置，斜向拖拉对象，生成第二个关键帧。

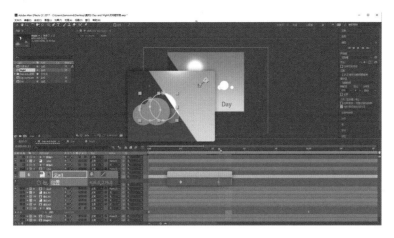

图 2-49 制作云层转场动画

完成之后，继续拖拉时间轴，时间间隔少于前两个关键帧的时间跨度，把第一个关键帧复制过来，这样就完成了一个牵拉后回弹的效果。完成后，把图层"夜云 a1"链接到"云 a1"，把"夜云 a2"链接到"夜云 a1"，这样就完成了云的独立遮罩效果了。按照同样的方法完成第二组云的制作，这样这个部分就算完成了。

随后需要给"Day"和"Night"的文字图层添加效果，先把时间轴拉至转场刚好碰到"Day"文字的地方，如图 2-50 所示。然后双击进入"Day"的预合成，可以发现时间轴的位置是同步的，那么在此处为"Day"文字图层记录位置属性的关键帧，快捷键是 P。之后切回总合成里继续拖拉时间轴至"Night"文字图层完整出现的位置，然后再次进入预合成，将"Day"文字往下拖，直至超出合成舞台产生第二个关键帧。

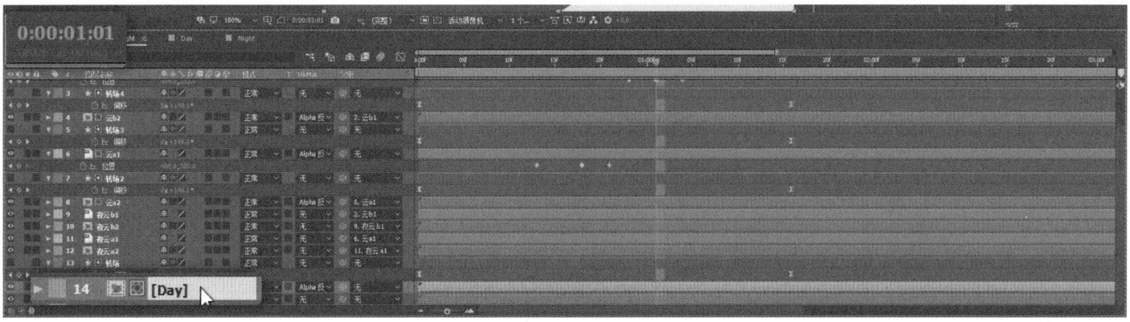

图 2-50 制作文字转场动画

框选两个关键帧，快捷键是F9，将关键帧辅助转换为"缓动"。打开图表编辑器，将动画曲线调整至如图 2-51 所示的状态。

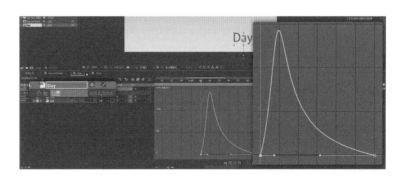

图 2-51 调整文字入场的动画曲线

接下来给"Night"文字图层添加效果，将时间轴拖拉至"Night"文字开始出现之前一刻的位置。双击进入预合成"Night"并选中"Night"文字图层，使用中心点工具（快捷键是 Y），将中心点拖曳到字母"N"

的左下角，然后对旋转属性做关键帧记录（旋转属性的快捷键是 R）。回到总合成，在"Night"文字完整展示出来的位置进入预合成"Night"，将旋转参数改为"0x+7.0°"。最后通过复制第一个关键帧，补充一个回弹效果即可，时间间隔要低于前两个关键帧。

注： 视频中有详细的操作步骤演示，并且没有剪辑掉一些"意外情况"，实际上在制作过程中是很容易遇到各种问题的。核心效果是轨道遮罩的转场，利用了修剪路径的扇形变化来作为遮罩。制作云朵的效果时，单独添加了转场遮罩并运用了关联器，这样只需要用最小工作量便可完成动画调整。

◎ 入场及转场后的运动细节

接下来开始制作入场动画以及转场后延续的动画效果。先整理一下现在所有被激活的关键帧，回到总合成全选，快捷键是 Ctrl+A（Windows）或 Command+A（Mac OS）。按一次 U 键，收起所有图层，再按一次 U 键，所有调整过的关键帧就会单独显示出来。

框选所有关键帧，将它们的起始位置拉至 1.5s，之后预览会发现一些小问题，如文字部分节奏错位。通过拖拉时间轴进入对应的预合成，调整关键帧的位置即可修复。

之前由于关联器的父级关系，实际上只有两个图层的位置属性被调整了，同时选中这两个图层的位置属性，将其往左边拖拉一定的距离，注意速度不能太快，如图 2-52 所示。

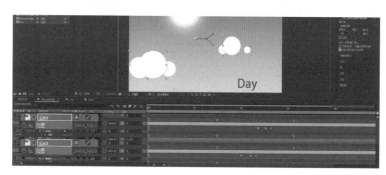

图 2-52 制作云层入场动画

随后需要调整云的不透明度，因为入场的效果包含了不透明度的变化。由于关联器的图层父子关系无法影响不透明度参数，因此需要对白天的所有云进行不透明度属性的变化，这里只需要耐心调试即可。

夜里的云会在不透明度入场变化的时候穿帮，可以把它设置为转场效果发生之前不显示。具体操作起来也比较简单，拖拉时间轴，当转场到达云的位置时，进入预合成，把不透明度属性设置为 100%，而把在此之前的一帧设置为 0%。

转场完毕后，云还会继续运动，因此需要继续调整位置属性的变化。与入场运动一样，只需要对"云 a1"和"云 b1"继续调整，使其节奏控制与入场一样，持续时长则到合成结束。

- 嵌套合成的内外调节靠时间轴来进行位置判断，操作时需要耐心一点。

- 若把握不好效果和节奏，可以观看图文讲解后的视频教程来操作。

- 若对动画调节不满意，可以把时间轴拉至动画开始的位置，单击关闭记录关键帧的闹钟图标，便可重新创建动画。

◎ 制作日月星辰的效果

预览入场效果之后，如果比较满意便可开始进行最后一个部分的制作。日月星辰的效果相对来说复杂一些，但总体依然离不开前文所讲的 3 个知识点。

把 1 秒的位置定为太阳的入场点，打开太阳图层的位置属性并记录关键帧，同时也需要对文字"Day"记录入场动画的关键帧，同样也是在 1 秒的位置记录。

由于制作转场过程中调整过"Day"图层的位置属性，因此这里可以把位于右侧的第一个关键帧复制过来并转换为普通关键帧。转换可以使用快捷操作，按住 Ctrl（Windows）或 command（Mac OS）键并单击关键帧，便会转为普通关键帧。然后把时间轴拉回 0 秒的位置，将"太阳"和"Day"分别从上、下两个方向拉出合成舞台，如图 2-53 所示。

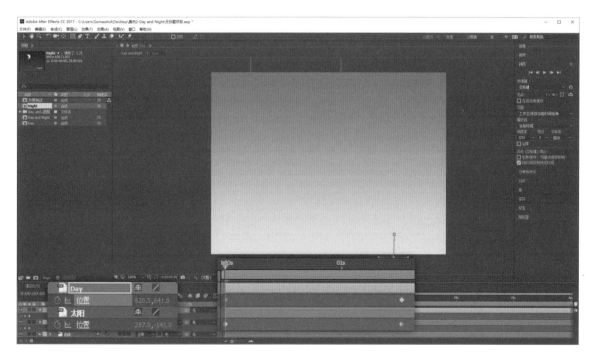

图 2-53 制作太阳的入场动画

框选关键帧，开始调整动画曲线，但要注意"Day"的曲线是有两段的，如图 2-54 所示。所以在选择曲线锚点的时候不要误操作，可以通过回到上一步的方式来取消当前操作，快捷键是 Ctrl+Z（Windows）或 Command+Z（Mac OS）。

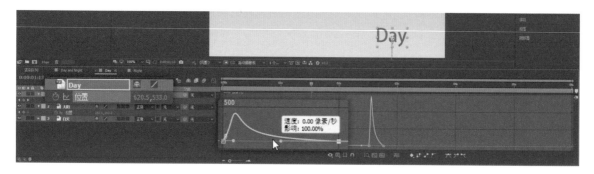

图 2-54 调整太阳入场的动画曲线

前面调整太阳的运动效果只是查看入场效果，是为了辅助调整"Day"图层而做的，实际上这个部分是需要重新绘制的。

在预合成"Day"中新建形状图层，命名为"太阳"。使用椭圆工具按住 Shift 键拉一个圆形出来，并展开圆形的图层属性：内容＞椭圆 1，椭圆 1 是可以被重命名的，将其改为"太阳"并连续复制 3 份，快捷键是 Ctrl+D（Windows）或 command（Mac OS）。分别将 3 个圆形命名为"光晕 1""光晕 2""光晕 3"。其中，"太阳"的大小为"130.0，130.0"，而 3 个光晕的大小需要适当增大，根据自己的感觉调整即可。注意，不要让数值存在小数，这样可以保持图形边缘的清晰度。

在每一个"填充"的下方有一个"变换"属性组，展开后看到不透明度一项，把 3 个"光晕"的不透明度都设置为"20%"，如图 2-55 所示。

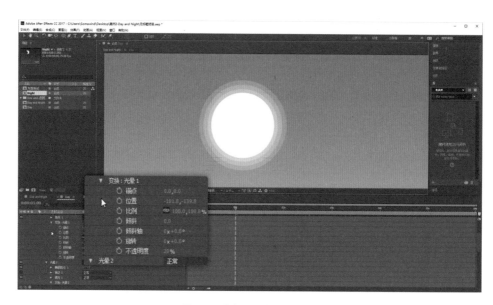

图 2-55 绘制太阳的多层光晕

给"太阳"图层添加发光特效，选中"太阳"图层按鼠标右键，选择"图层样式"＞"外发光"，如图 2-56 所示。

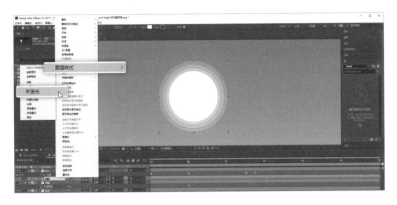

之后"太阳"图层下新增一个图层样式的属性组展开"图层样式">"外发光",修改"颜色"为白色,将"大小"的属性值改为76.0。参考之前太阳入场的动画,对"太阳"图层重新调整一次,包括运动曲线,这样入场效果就完成了。

图 2-56 为太阳添加外发光

接下来需要把"光晕1""光晕2""光晕3"分别展开,对它们都记录关键帧,然后把时间轴拉至 0.5 秒的位置,将 3 个光晕的"大小"属性值都改为 130.0。

调整图层样式中外发光的"不透明度"和"大小"两个属性,调整动画的层次感,把关键帧按照一定的错位拉开,从而完成入场并发光的过程,如图 2-57 所示。

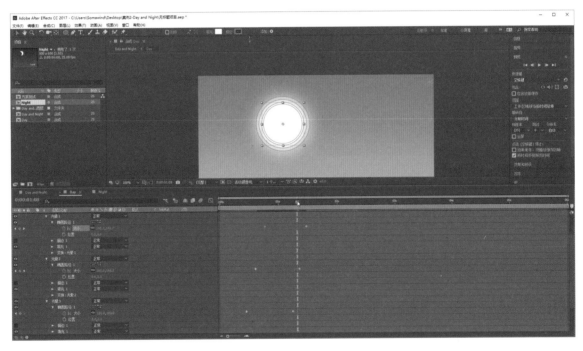

图 2-57 调整入场发光的动画节奏

★ 提 示

● 发光的整个过程需要配合入场来进行调整,通过预览找到最合适的节奏。

● 图层混乱的时候,可以用快捷键 U 来展开和折叠。

最后调整月亮，直接把"太阳"图层从预合成"Day"复制到预合成"Night"，把颜色调为灰蓝色，并把"外发光"和"不透明度"等参数调小，把"位置"属性关键帧记录取消，增加一个轨道遮罩并命名为"月影"，如图 2-58 所示。

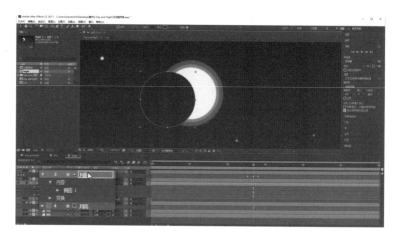

图 2-58 制作月影

对月影遮罩做一个斜向的位置变化，以配合发光的过程，变化效果可以参考案例完成后的效果自行调节，星辰效果仅是对图层不透明度进行改变。

注：云朵的入场、太阳的发散、月缺的产生，让简单的对象有了自己的特征，这些创意想法是在静态制作的阶段就确定下来的。而到动画制作阶段，有一些制作效果和方案会在制作过程中不断地调整，或者说是在某个阶段才制订出来的。

★ 提 示

● 学习 AE 的软件操作时会经常遇到各种各样的"小麻烦"，习惯即可。

● 可以先看一遍讲解视频，看第二遍时再跟随操作，这样能够更容易对案例形成整体性思维。

● 案例是针对某些工具和功能的集中运用，还原出案例的操作只是第一步。

● 尽可能多地去搜索一些有趣的 MG 作品，思考一下能否通过已学到的知识来完成作品中的效果。

扫描二维码

查看案例讲解视频

5.案例小结

这个案例融入了 3 个重要的制作思路：嵌套合成、遮罩及时间控制，并且还原了制作过程中遇到的问题以及解决问题的过程。结合前文对工作流程的学习，更容易明白实际制作过程的复杂性。手段并不是最重要的，我们真正的目标是完成自己想要的效果，准确地表达出我们的创意。

在动手制作之前，往往需要先把一部分效果制作出来（如静态场景搭建），以便制订出一个可行的制作方案。在制作过程中，也需要对制作方法进行对比，进行各种各样的尝试。当然，这样的能力需要在具备一定的基础之后才能掌握，在此我先以案例视频讲解的方式引导大家养成这样的思维习惯。

6.训练任务

请跟随案例讲解视频，完成这个案例的制作。大家可以在制作过程中根据自己的想法去改变一些细节的效果。当然，如果你暂时没有这样的想法，那就先把案例中的效果重现出来。制作完成后，对比一下有没有不一样的地方，并且思考一下原因。

2.3.3 路径动画与图层父子级关系

通过前面的案例学习,我们不难发现,使用 AE 制作 MG 不仅需要运用工具,有时候更多的是思维方法,是对已掌握功能的巧妙组合。在实际的工作中,学习工具和方法,最终掌握思维方式,对学会的制作方法有机组合,并将其运用于创作中。这一小节是针对前文介绍过的知识点进行一定程度的强化,并带大家了解一些新的知识点。

1. 路径动画

此处所指的路径动画并非是路径作为元素引导线的含义,而是在形状作为贝塞尔曲线路径的前提下,针对锚点所作的关键帧动画,这也是 AE 强大功能的体现。

贝塞尔曲线路径动画,可以针对锚点进行调整。例如,在 PS 和 AI 的矢量图形绘制过程中,随着时间轴的运动,记录每一个状态后发现它是动态的。关键帧会记录锚点的运动状态,并基于你对贝塞尔曲线的调整来改变图形曲线,从而实现形状的改变。通过丰富的组合方式,完成复杂的动态变化。

通常来讲,没有经过运动曲线调整的路径动画是单调而死板的。因此,需要经常配合曲线调整和表达式来优化路径动画的表现力,在接下来的案例中会继续介绍相关的知识和技巧。

2. 图层父子级关系

图层之间可以通过关联器设置父子级关系来管理复杂的图层结构,但父子级关系主要是针对一部分以运动为主的图层属性,如位置、旋转、缩放等。父子级关系对图层中的各种对象所具备的更多属性是不支持的,如贝塞尔曲线路径动画。父子级关系的延伸是操控变形工具以及二维骨骼绑定,在二维模拟动物骨骼运动方面,AE 的表现则不够强大。好在这些缺憾已被一些第三方插件弥补了,本章会专门介绍一些常用的插件及其基本使用方法。

注: 用 AE 创作的 MG 更多的是二维的形式,因此我们看到的大部分 MG 作品,几乎都是矢量图形的平面化演绎。换句话说,MG 的创作一直离不开矢量图形相关的工具、功能和属性。所以需要把更多的精力放在如何学好与之相关的知识点上,并掌握好制作技巧,这决定着我们能否创作出令人满意的 MG 作品。

---

3. 案例:"闪光水母"

这一节要继续加强关于形状图层衍生的动态效果学习,并配合父子级关系和时间控制来完成一个"闪光水母"的 MG 作品,这个案例需要大家把重心放在实际的操作上。

◎ 分析与构思

如图 2-59 所示，一个半透明的水母入场，弯曲着身体和头部，在这里水母被概括为"点"和"线"式的图形语言，通过 MG 的方式让图形模拟出真实对象的运动状态。

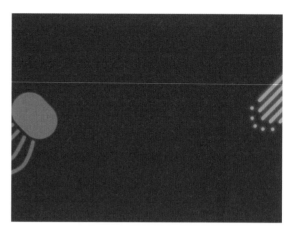

图 2-61 案例截图 3

这个动画中有比较熟悉的内容，如图层样式的外发光。水母的身体弯曲效果和身体联动，也许你能猜得到是图层父子级关系，但弯曲身体的效果是其实是这一小节要讲的知识点：路径动画。

仅有这些是依然无法完成这个动画的，还需要一些隐藏在功能背后的知识和技巧。例如，高效地把水母的运动效果复用起来，以及对节奏快慢的调整。

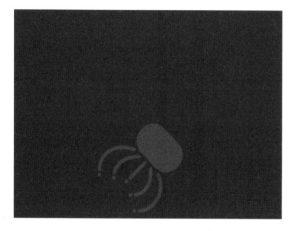

图 2-59 案例截图 1

如图 2-60 所示，水母伸展身体的同时发出了光芒，让人联想到海底世界自发光的生物，但又不会对应到某种具体的生物上。

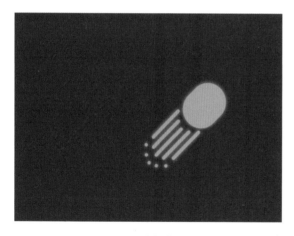

图 2-60 案例截图 2

第一只水母游离画面后，随后出现另外两只水母，错开的节奏让人感受到群体生物运动而不单调的效果。视频调整了头尾循环模式，生成 gif 动画图片的话可以无缝循环播放，如图 2-61 所示。

◎ 水母造型与核心效果

创建一个合成，宽、高分别为 800 像素和 600 像素，帧速率为 25 帧 / 秒，背景色使用深蓝色（或者自定义）。创建好之后打开并创建出参考线，快捷键 是 Ctrl+R（Windows）或 command+R（Mac OS），然后把信息面板拖动到合成中心，信息面板默认在 AE 界面的右上角。拖拉参考线横竖均分画面，所以水平参考线是高度的二分之一，即 300；垂直参考线也是宽度的二分之一，即 400，如图 2-62 所示。

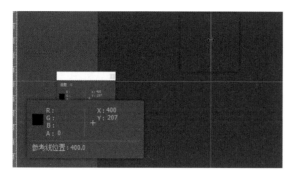

图 2-62 参考线设置

锁定参考线，执行"视图 > 锁定参考线"菜单命令，快捷键是 Ctrl+Alt+Shift+;（Windows）或 command+option+shift+;（Mac OS）。锁定参考线可以防止误操作或改变参考线的位置。

使用形状工具中的圆角矩形工具，按住 Shift 键绘制一个圆角矩形，宽、高都设置为 120 像素，圆角半径设置为边长的二分之一，即 60 像素，这样看起来如同一个圆形。给圆角矩形命名为"水母头部"，关闭"描边"，只留下"填充"。

使用钢笔工具绘制出垂直的水母触须，按住 Shift 键会保持垂直布局的锚点。关闭"填充"，打开"描边"，"描边"宽度设置为 10 像素、圆头端点。设置完后将图层名称改为"3"，按序号来命名水母的触须，如图 2-63 所示。

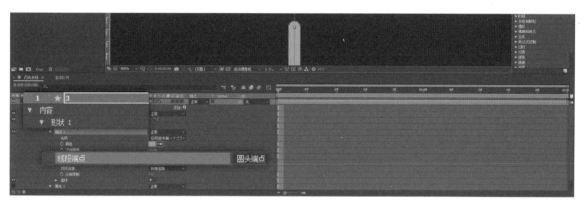

图 2-63 绘制水母

使用定位点工具把中心点（锚点）移动到靠近水母头部的端点，切换为钢笔工具，在触手这条路径的中间位置增加一个锚点（需要先选中路径属性，钢笔工具靠近被选中状态的路径，会有"+"提示，单击即可添加一个锚点），如图 2-64 所示。

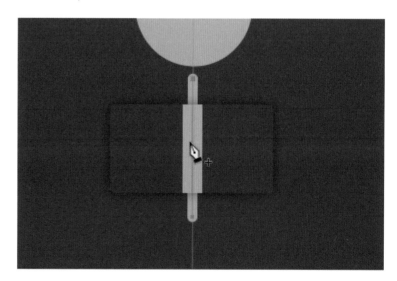

图 2-64 添加锚点

完成后，选中水母触须的图层，复制 4 份并均匀排列这 5 条触须，调整好顺序和命名，如图 2-65 所示。

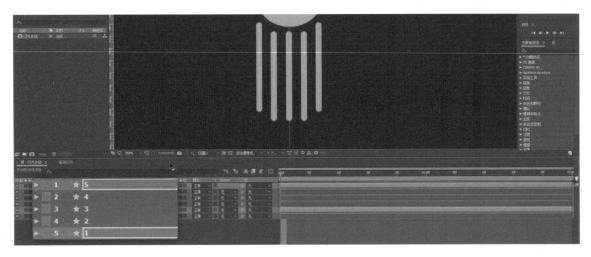

图 2-65 排列触须

- 形状图层：内容 > 矩形 1> 矩形路径 1> 大小，修改这项属性，可以改变矩形的大小。

- 形状图层：内容 > 矩形 1> 矩形路径 1> 圆度，修改这项属性，可以改变矩形的圆角半径。

- 形状图层：内容 > 路径 1> 路径，选中这个属性，可以框选锚点后拖拉形状并对齐参考线。

- 形状图层：内容 > 描边 1> 线段端点，这一个属性可以设置端点为平头、圆头、矩形 3 种类型。

- 在操作中要慢慢适应这些相对复杂的层级关系，熟悉这些操作，效率也会得到提升。

将 5 条触须绑定到头部，使用关联器关联父级即可。对每个触须的路径属性分别在 0 帧和 20 帧的位置都创建关键帧（路径属性位于形状图层：内容 > 路径 1> 路径）。对第 20 帧的路径状态进行调整，做出触须弯曲的效果。可以通过拖拉参考线的方法来保证左右的对称性，如图 2-66 所示。

图 2-66 制作触须收缩动画

随后在 25 帧，即 1 秒的位置，通过复制路径属性的第一个关键帧来把触须恢复到刚开始的直线状态。框选所有的关键帧，将关键帧辅助设置为缓动。打开图表编辑器，调整动画曲线。在复选状态下，可以一次性地对所有图层的动画曲线进行统一调整，如图 2-67 所示。

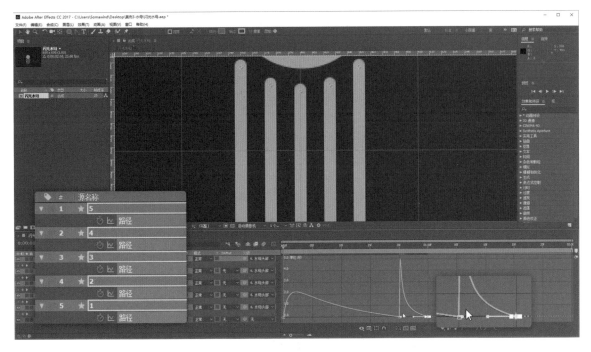

图 2-67 调整触须收缩动画曲线

展开图层"1"的属性：内容 > 形状 1，将"形状 1"重命名为"1"并为其添加"修剪路径"，展开"修剪路径"的属性，将"结束"设置为 77%，如图 2-68 所示。

展开图层"1"的属性：内容 >1，复制"1"，重命名为"2"，把它的"修剪路径"属性展开，把"开始"设置为 99.9%，把"结束"设置为 100%。

对 5 个触须都进行如上操作，效果如图 2-69 所示。

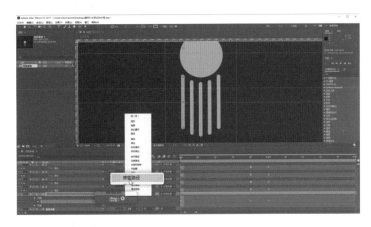

图 2-68 添加修剪路径

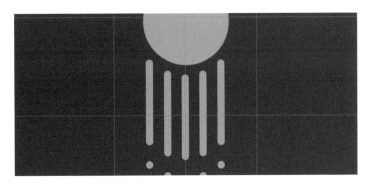

图 2-69 制作触须端点

针对每一个端点形状的"修剪路径"属性中的"偏移"创建关键帧，并参考触须弯曲的关键帧节奏调整"端点"的伸缩效果，如图 2-70 所示。

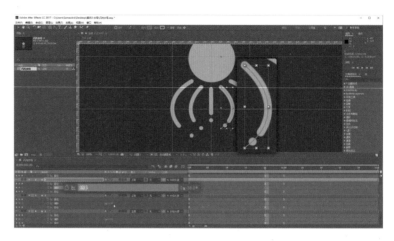

图 2-70 制作端点收缩动画

调整曲线的时候，可以按照两两一组的方式调整，因为"1"和"5"、"2"和"4"的运动节奏一致，所以可以分别调整这两组曲线，这样就可以提高制作效率，如图 2-71 所示。

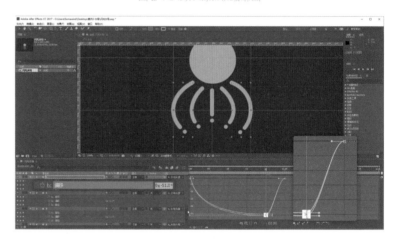

图 2-71 调整收缩动画曲线

展开"水母头部"图层：内容 > 矩形 1> 矩形路径 1> 大小，配合触须伸缩的节奏来调整头部的挤压与拉伸动画，具体参数可参考图 2-72，也可根据需要来自行设定。

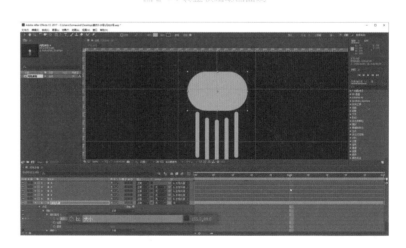

图 2-72 制作水母头部的伸缩动画

配合头部的挤压与拉伸，调整 5 个触须的位置，让触须与头部的间距始终保持一定的节奏感。调整 5 个触须图层的位置参数动画后，就完成了这个部分的制作。

拉伸的过程中，水母头部会被拉长，因此除了调整距离关系之外，还需要调整水母触须之间的间距，这样才能配合出水母发力的效果。图 2-73 所示为参考参数，可配合视频讲解和自己的实际操作来设定最终的数值。

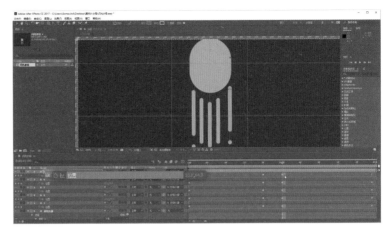

图 2-73 头部与触须的细节调整

整体调整水母头部和水母触须等部分的运动曲线。要善用预览功能以及复选调节的方法，调整的参数可参考图 2-74 来进行。

这里需要注意，整个水母的运动效果是循环的，因此需要把第一帧的状态复制到最后一帧。这个操作方法非常简单，使用快捷键 U，这样即可展开所有记录过关键帧的属性。将时间轴拖至末端，复制每一个属性的第一帧并粘贴。

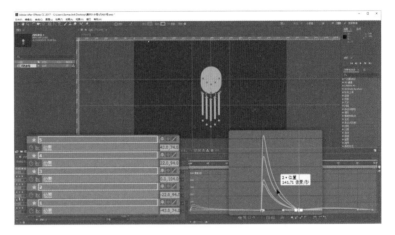

图 2-74 整体曲线调整

通过预览来确定运动效果的整体感觉，运动部分完成后，再来添加特效，特效主要由不透明度变化和图层样式构成。首先要针对所有图层的不透明度属性记录关键帧，不透明度的变化顺序是"70%-20%-100%-70%"。

接下来调整图层样式。选中"水母头部"图层并按鼠标右键，选择"图层样式">"外发光"并修改"颜色"，记录下"不透明度"与"大小"这两项属性的关键帧，如图 2-75 所示。

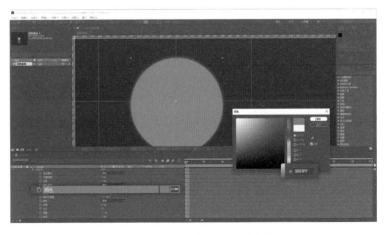

图 2-75 调整图层样式的外发光效果

收起各图层的属性折叠选项，选中"图层样式"这个属性组，按快捷键 Ctrl+C（Windows）或 command+C（Mac OS）复制。依次选中各触须图层，按快捷键是 Ctrl+V（Window）或 command+V（Mac OS）粘贴，如图 2-76 所示。

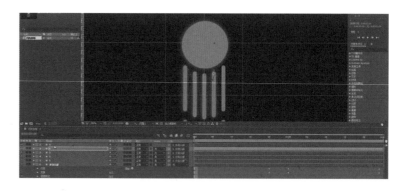

图 2-76 复制并粘贴图层样式

其中，外发光的大小变化顺序是"7.0-1.0-13.0-7.0"。不透明度的参数可根据需要来调整（教程中没有继续调整，大家可以根据需要增加这个属性的动画。），到这里就完成了核心效果的制作。

◎ 水母运动循环

新建一个合成，命名为"水母运动"，其他设置的选项不变，只改变持续时间为 8 秒。建好后从项目窗口将合成的"闪光水母"拖曳到"水母运动"的图层面板位置，完成合成嵌套。

选中合成"闪光水母"，执行"图层>时间>启用时间轴重映射"菜单命令，快捷键是 Ctrl+Alt+T（Windows）或 command+option+T（Mac OS）。操作完成后会发现该合成的头尾部建立好了两个关键帧，如图 2-77 所示。按住鼠标左键拖曳合成尾部可以增加这个合成的时间长度，将其拖至时间轴末端，即 8 秒的位置。

图 2-77 时间轴重映射

按住 Alt 键（Windows）或 option 键（Mac OS），单击关键帧的闹钟图标，针对时间轴重映射创建表达式。表达式是一个复杂的知识点，本案例暂时只教大家使用与案例制作相关的功能，后文会专门进行讲解，在此只需要大家跟随着操作即可。

表达式创建好之后，属性下方会出现多个功能图标，单击最后一个图标，在弹出的下拉菜单中选择 Property>loopOut(type="cycle",numKeyframes=0)，如图 2-78 所示。

图 2-78 循环表达式 loopOut

创建完成后会发现第一次运动播放结束之后会有一帧闪烁，也就是合成"闪光水母"的最后一个关键帧，需要在它之前创建一个关键帧，然后把它删掉即可。

接下来针对合成"闪光水母"的"位置"和"旋转"两个属性进行调整，将其运动方向调整为自画面左下方到右上方。其中，"旋转"属性不发生改变，可以不记录关键帧，只需要把属性值改为"0x+45.0"即可，位置参数如图 2-79 所示。

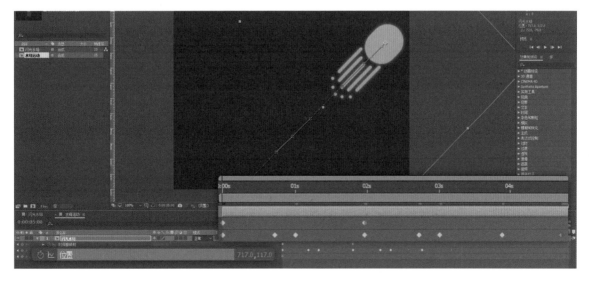

图 2-79 制作游水动画

根据运动规律，水母拉伸的时候会快速向前游动；而收缩的时候，会因动能消耗而速度减缓，从而形成了

"慢－快－慢"的循环运动方式。拉伸动画中，两个关键帧之间的运动距离相对较大，而持续时间短；收缩动画中，两个关键帧之间的运动距离相对较小，而持续时间较长。

- 对表达式感兴趣的可以先到后文去了解，然后再回来学习本案例。

- 循环是非常常用的时间控制手段，用它提高效率的同时也能够完成很多意想不到的效果。

- 根据需要，灵活调整参数，直接拖拉物体或者使用拖曳参数等方法来制作动画。

最后，再新建一个合成，命名为"多个水母"，持续时长改为 14 秒。参考合成"水母运动"的嵌套方式，拖曳合成"水母运动"进行合成嵌套，需要在图层面板复制两次。之后拖曳合成轨道的前后关系，制作完成水母群的运动效果。

4. 案例小结

这一小节的新内容并不多，只是对前面已讲过的技巧进行了巩固。案例的制作方案由内到外，相对来说属于比较理想的逻辑关系。因此，学习这个案例时，除了思维之外，就是要对操作能熟悉掌握。学习时需要不断地进行重复性操作，经过一段时间的训练之后，才能真正熟练掌握。

5. 训练任务

请跟随案例的讲解视频，完成这一小节的案例制作。注意案例讲解视频中提到的一些技巧，并尝试去使用这些技巧。

扫描二维码

查看案例的讲解视频

2.3.4 3D 图层与摄像机

1. 3D 图层

关于 3D 图层，AE 帮助文档中的 3D 图层条目里，第一句话（在您将图层做成 3D 图层时，该图层仍是平的，但将获得附加属性。）概括了这个问题。前文提到的问题，AE 是否具有 3D 创作的功能，答案是 AE 仅具备对图层对象增加 3D 属性的能力，并不能在 AE 中进行 3D 建模的工作。3D 图层增加的属性包括了一个新的维度，即 Z 轴（包含与之相关的锚点、位置、旋转、缩放等属性）。另外，还有材质选项，材质选项是与摄像机功能配合的一组参数，包含灯光、阴影等。

2. 摄像机

摄像机和形状图层一样，通过图层面板可以单击鼠标右键直接创建，也可以执行"图层 > 新建 > 摄像机"菜单命令来创建。摄像机创建后会有个预设面板，类似合成设置，很多人刚看到的时候，可能会有一种"很复杂"的感受，坦白说，我刚开始学习的时候也是这样认为的。不过在这里只需要把预设调整为 35毫米，并勾选上启用景深就可以了，如图 2-80 所示。

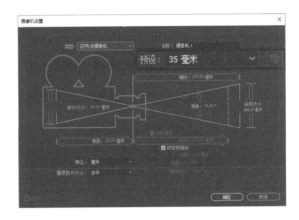

图 2-80 创建摄像机

如果你没有预先转换过任何一个 3D 图层，那么 AE 会提示你摄像机是基于 3D 属性来工作的。摄像机同样也有 3D 图层的几个变换属性，多了 Z 轴。接下来就是摄像机的特有选项，前面提到的启用景深可以在这个地方进行修改。继续引用帮助文档里的一句话："影响景深的 3 个属性是焦距、光圈和焦点距离。"这一小节要讲的案例，主要是对这几个属性参数的调整，如图 2-81 所示。

图 2-81 摄像机选项

焦距就是视觉中心的远近距离，它是模拟我们眼睛观察事物的原理，通过调整双眼的焦距来让远近的物体清晰度产生变化。光圈属性开得越大，模糊度会越高，适当地设置光圈参数可以达到非常逼真的景深效果。另外就是镜头的缩放，控制这个属性能把目标对象拉近或推远。

注： AE 的 3D 图层与摄像机是配合使用的，具有关联的属性参数，因此制作时也要基于这样的关联思路。例如，接下来介绍到的案例将摄像机的父级关系链接到开启 3D 属性的"空对象"的制作思路，同时也是对上一小节所提到的父子级关系的强化。AE 还有很多关联起来的功能，随着学习的深入，你将会陆续地接触到它们。

3. 案例："摄像机和 3D 图层"

这一小节，我会给大家讲一个对 UI 设计师来说更"亲切"的案例。案例中包含了简单的交互操作，并且通过摄像机与 3D 图层的方式来模拟界面处于立体空间下的效果，使界面的视觉冲击力更强。

扫描二维码

查看案例最终效果

◎ 分析与构思

画面中有一个图文界面，需要模拟纵向滚动的交互操作，内容滚动时要有合理的减速，如图 2-82 所示。

图 2-83 案例截图 2

单击其中一个页面，展开图文详情，并进行纵向滚动。可以观察出明显的虚实变化效果，如图 2-84 所示。

图 2-82 案例截图 1

随后是界面的横向分类切换，切换到猫的图文分类页面。如图 2-83 所示，整个页面在三维空间运动后，呈现出透视效果，具有空间光影与景深。

图 2-84 案例截图 3

这个案例因为有空间运动，所以视觉效果看起来比较出色，但实际操作难度并不大。其中，静态素材的效果很关键。这个案例的主要目的就是要了解 3D 图层的属性以及调整摄像机选项。

◎ 页面嵌套

新建合成，宽、高分别为 1280 像素和 960 像素，持续时间为 25 秒，填充背景为白色。

导入预先制作好的源文件，导入种类选择"合成 - 保持图层大小"，图层选项选择"可编辑的图层样式"。由于源文件比较大，大家可以根据需要预先处理一下再导入。如合并一部分不需要制作动画的图层，可以先完整地看一遍教程之后，确定了哪些内容使用不到，再动手去做。

PSD 格式的素材导入后会按照"画板 > 图层组 > 智能对象"的层级关系创建合成，可以先打开 PSD 文件浏览一下素材的层级关系。

之后新建形状图层，将其命名为"屏幕遮罩"，图层展开，在内容右侧有添加按钮，单击按钮后添加一个"矩形"，将矩形的"大小"设置为"750.0，1334.0"。

按快捷键 S 调出图层变换的缩放属性，将数值改为"60.0%，60.0%"，不记录关键帧，选中"矩形"并为其添加一个"填充"，颜色自行设定，如图 2-85 所示。

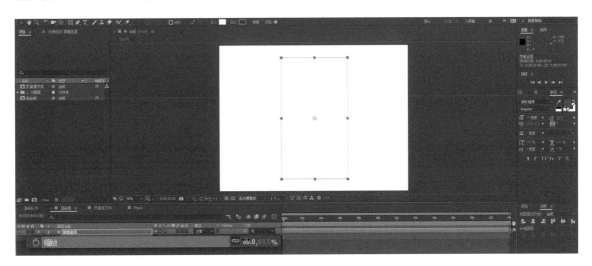

图 2-85 创建屏幕遮罩

双击合成"页面源文件"，进入后选中子合成"Page1"，使用快捷键将其复制到合成"总合成"中，使用对齐工具对图层"屏幕遮罩"和合成"Page1"进行"顶对齐"和"左对齐"处理。

接下来对合成"Page1"设置轨道遮罩为"Alpha 遮罩'屏幕遮罩'"，使用关联器将合成"Page1"的父级链接到图层"屏幕遮罩"上，最后对图层"屏幕遮罩"进行"垂直居中"和"水平居中"处理。

最后，需要把背景图层拖入合成中，不透明度设为 40%。选中图层并单击鼠标右键，设置效果 > 模糊和锐化 > 高斯模糊，把模糊度的属性参数改为 26，如图 2-86 所示，这样屏幕界面的准备工作就完成了。

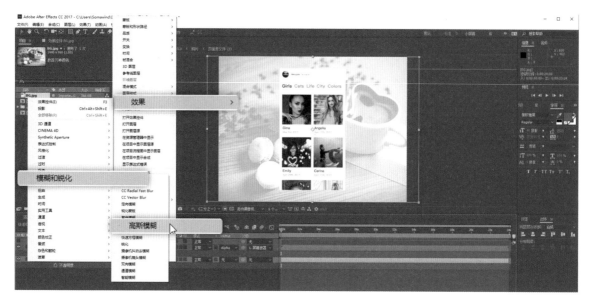

图 2-86 罩幕界面的准备工作完成

◎ 摄像机动画

新建合成,宽、高分别为1280像素和960像素,持续时间为25秒,填充背景为白色。之后再新建一个空对象,命名为"摄像机绑定空对象"。

如图 2-87 所示,新建一个摄像机,注意选择预设为"35 毫米",并勾选"启用景深"。如果没有打开图层的 3D 属性,会看到警告提示:"摄像机与灯光不会作用于2D图层"。警告不影响摄像机的创建,只需要稍后打开 3D 属性即可。

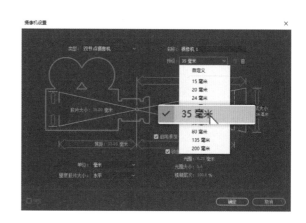

图 2-87 创建摄像机

使用关联器将摄像机的父级关联到空对象"摄像机绑定空对象"。此操作的意义在于,可以通过这个空对象的 3D 属性变化来分离控制一部分与摄像机通用的属性(主要是变换层级下的属性)。对于摄像机而言,只需要对其特有的选项参数来做调整。特别是对于复杂的动画控制而言,这样的做法可以很大程度上提高效率。后续讲到的更多知识点,也会采用这样的思路来分离属性或统一控制不同对象的属性。

依次打开空对象"摄像机绑定空对象"、图层"屏幕遮罩"以及合成"Page1"的 3D 属性。可以执行"图层 >3D 图层"菜单命令，也可以单击图层面板上的 3D 图层开关（位于"模式"左侧），如图 2-88 所示。

图 2-88 打开 3D 属性

展开图层属性后，所有的图层变换下的属性都增加了一个"Z 轴"。此维度可控制空间进深，因此才有了 3D 效果。此外，还新增了"方向"属性，以及"几何选项"和"材质选项"的选项组。下面对这些属性进行简单的说明。

※ 变换属性组

锚点：这个属性即图层的中心点，通过改变 3 个维度的数值来改变中心点的位置，这会影响其他几个属性的变化，或者说其他属性的变化是基于锚点的位置变化而变化的。

位置：基于锚点位置做 3 个轴向的位置变化。

缩放：可从 3 个维度对图层进行缩放。在锁定状态下，调整参数会产生空间上的拉近和推远效果。

方向：调整后的效果与 3 个轴向的旋转变化相同，但参数范围限定在 0°~360°。

X 轴旋转：X 轴为中心旋转图层。调整效果与方向相同，参数范围更大，可设定圈数和负值。

Y 轴旋转：Y 轴为中心旋转图层。调整效果与方向相同，参数范围更大，可设定圈数和负值。

Z 轴旋转：Z 轴为中心旋转图层。调整效果与方向相同，参数范围更大，可设定圈数和负值。

※ 几何选项

默认状态下是不可用的，可以通过单击"更改渲染器"来启用，单击后进入合成设置的第三个分类项"3D 渲染器"（另外两个为最常用的是"基本"和"高级"分类）。更改后会增加对应的属性参数，此处不再进行详细说明。

※ 材质选项

材质选项在新建灯光的时候会受影响，它主要是光线反射方面的属性，需要与灯光配合使用。

在 2D 的 MG 创作中，对于 3D 属性主要用到的是图层变换以及摄像机的属性，其中的灯光、几何与材质选项主要关联 3D 模型与动画，需要配合 3D 图像工具使用。限于篇幅，此部分仅做概念讲解。

展开空对象"摄像机绑定空对象"，参考图 2-89 中的属性值进行设置。视频讲解里一边讲解各部分参数一边进行调整，因此在这里可以预先对被调整过的参数（"锚点""位置""方向""X 轴旋转""Y 轴旋转"）进行关键帧记录，然后再将时间轴拉至 6 秒的位置，之后再按照图 2-89 的方式设置各个属性，这样可以高效地完成动画创建。

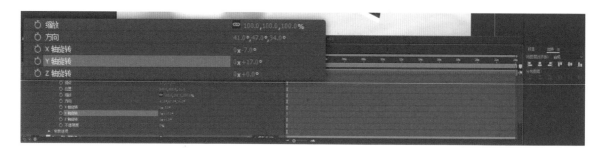

图 2-89 3D 图层空间设置

※ 摄像机选项

对于摄像机选项的参数，这里主要讲解案例中需要用得到的部分。在本案例中，调整的参数包括"缩放""焦距"和"光圈"。

缩放： 该参数类似镜头的远近推拉效果，可以调整绑定摄像机空对象的缩放参数，最后的效果一致的。

焦距： 简单来讲，焦距即为对焦点，调整焦距可以看到画面中最清晰的位置发生了变化，通常配合光圈属性进行调整。

光圈： 光圈控制景深大小，光圈数值越大，景深越小，清晰与模糊的虚实对比就会增大。反之，则对比减小。

其他的一些参数，我们暂时不用太过于深入了解，用不到的一些知识很容易被遗忘。大家可以抽空阅读帮助文档来适当了解下。

按照图 2-90 的方式来设置摄像机 3 个选项的参数，与 3D 图层的变换属性一样，可以对一部分属性记录下关键帧，在这里记录下"缩放""焦距""光圈"的关键帧，然后将时间轴拉至 6 秒的位置。

图 2-90 摄像机选项设置

关于投影不显示的问题，首先选中"屏幕遮罩"图层，复制一份并拖曳到合成"Page1"下方。展开合成"Page1"，选中"效果"选项组，使用快捷键剪切，快捷键是 Ctrl+X（Windows）或 command+X（Mac OS），再选中复制后的图层"屏幕遮罩2"，用快捷键粘贴，快捷键是 Ctrl+V（Windows）或 command+V（Mac OS）。这时可以发现效果已经出来了，各项属性的参数调整可参考图 2-91。

对于投影效果的动画制作,此处不再细述,可参考前面 3D 属性与摄像机选项的制作方式或配合视频讲解来调整,此处调整到的属性包括"不透明度""距离""柔和度"和"方向"等。

图 2-91 投影效果设置

★ 提示

- 本小节的视频讲解与图文步骤讲解略有不同,大家可以结合图文教程来提高操作效率。

- 参数调整的方法并不唯一,演示的过程中还有很多细节需要完善,大家可以慢慢探索。

- 使用空对象来绑定摄像机是一种参数分离的制作思路,后文对表达式效果的控制也会采用此方法。

随后要对已创建的动画进行优化,使用快捷键 U 键展开记录过关键帧的图层属性,然后对关键帧的动画曲线进行批量调整,此过程应当是大家比较熟悉的操作,可以参考图 2-92 来仔细调整。

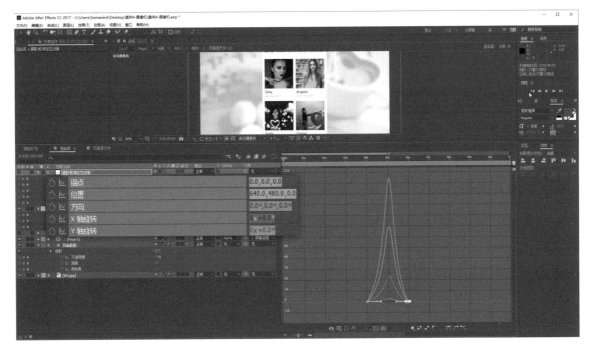

图 2-92 优化动画曲线

完成这部分之后，本案例的核心效果就已经完成了。接下来需要制作页面的运动效果，这个是前文讲解过的知识点，这里会带着大家再简要地过一遍，你也可以结合视频讲解来动手操作。

◎ 页面交互

首先进入合成"Page1"，通过关联器把合成"顶部 – 用户信息"与合成"标签 – 分类信息"链接到图层"背景 / 页面源文件"上。而图层"背景 / 页面源文件"是从合成"标签 – 分类信息"中剪切出来的。

大家也可以选择对 PSD 源文件中不用于动画制作的部分进行合并，导出 png 格式的图片后再导入 AE 中再进行动画的制作。

制作垂直滚动的动画仅使用了位置属性，此处不再详细讲解，可以参考图 2-93 完成调整。

图 2-93 页面垂直滚动交互

接下来要制作分类切换的动画，需要对分类文字的不透明度做变化。源文件中非当前状态的分类文字设置了"60%"的不透明度，在 AE 中不需要重新制作，仅针对该属性进行切换调整即可。"Girls"页面的不透明度由 100% 转为 60%，而"Cats"页面的不透明度则由 60% 转为 100%。

之后进入合成"Page2"，复制其中的合成"列表"，再回到合成"Page1"进行粘贴，这时可以发现它位于"Page1"的右侧，使用关联器将其关联到"Page1"的列表上。这样做，可以使"Girls"页面合成列表从屏幕左侧退场的同时，将"Cats"页面的合成列表带入屏幕中。这样便完成了横向分类页面切换的交互动画，具体操作请看视频讲解，一些关键帧和调整参数可以参考图 2-94。

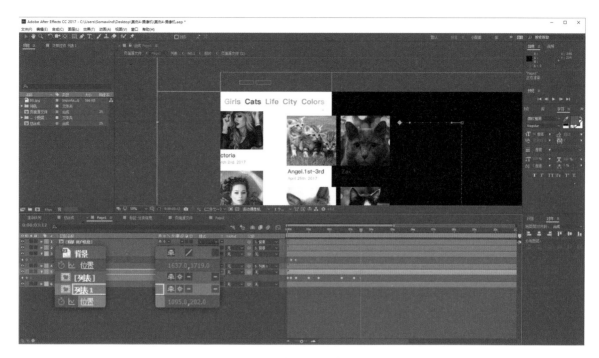

图 2-94 分类页面切换交互动画

完成上述操作后需要继续给第二组列表做垂直滚动的交互动画，同样通过改变位置属性来制作。最后需要制作图文详情页展开效果，这个部分需要单独地把图文展开后的题图素材导入 AE 中，缩小并使用轨道遮罩让素材处于列表中。

当图文详情页的动画开始后，列表需要淡出，文章需要淡入，要对"不透明度"进行调整。制作题图动画需要对"缩放"和"位置"两个属性进行调整，这其中有很多细节需要注意，大家可以先对照最终效果来完成制作，之后再观看视频讲解。

★ 提示

● 导入的源文件可以根据需要输出为图片文件，之后再分别导入 AE，这虽然需要一些时间来重新排版，但会加快 AE 的处理速度。

● 优化部分的操作被剪辑了，大家可以查看源文件。对细节的调整没有终点，大家甚至可以对源文件进行各种优化操作，争取把案例做得更好。

4. 案例小结

3D 图层和摄像机的操作过程其实并不复杂，运用得当可以呈现出非常好的效果。每一个案例制作都尽可能还原实际的操作过程，并且分析其制作思路，有一些重要的内容在后续的章节还会提到，希望大家能继续保持良好的心态，继续学习下去。

5. 训练任务

请跟随讲解视频，完成这个的案例的制作。配合前面案例所讲的知识和技巧，综合运用在练习过程中。

扫描二维码
查看案例的讲解视频

2.3.5 动画曲线与表达式

对于广大的 AE 学习者来说，大家都在谈动画曲线与表达式这两个概念。动画曲线的调整可以让简单的运动不再平凡，会变得更耐看，并让人充满思考，可以说它就是 MG 的精髓之一。前文已带大家使用了这个功能，而接下来我会向大家详细介绍一下这部分的内容。除此之外，还有表达式的概念，表达式是 AE 中的一个真正意义上"学不完"的内容，因为它是以 JavaScript 语言为基础的，是 AE 的强大核心之一。对于我们来说，并不一定要学会 JavaScript 语言，只要会运用表达式即可。

1. 动画曲线与图表编辑器

谈图表编辑器需要从动画曲线开始说起，在前面的案例学习中，我没有急于讲解这部分的内容。由于 AE 的学习难度较大，所以更需要讲究方法，通过学会操作过程来快速入门再逐步掌握相关细节知识，是我更加推荐的学习方式。

动画曲线就是对运动曲线的模拟，它基于运动学和动力学规律，而运动学与动力学又是力学的分支。虽然前文没有提及，但这似乎又是一个"学不完"的部分。同样的道理，对于动画曲线本身，我们学会使用并且大致知道它是基于什么样的原理即可，下面先来了解一下这些概念及它们之间的关系。

◎ 运动曲线

我们在日常生活中所观察到的各种物体运动现象，均是在力的作用下产生的结果。各种力的作用效果叠加构成了丰富的运动现象。运动现象让我们总结出物理学理论，基于这样的理论，动态图形在模拟这些运动现象的过程中需要运用到数学，因此需要用到函数曲线，这就是动画曲线的理论基础。

◎ 动画帧率

简单介绍一下动画的帧率。在创建合成的时候，会经常提到帧率为"25 帧 / 秒"的概念。我们先了解一下什么叫作帧，其实帧就是动画的每一个画面。在维基百科的动画条目中是这样描述的："动画是指由许多静止的画面，以一定的速度（如每秒 16 张）连续播放时，肉眼因视觉残像产生错觉，而误以为画面活动的作品。为了得到活动的画面，每个画面之间都会有细微的改变"。所以"25 帧 / 秒"的意思是每秒切换的画面达到了25 个。

◎ 数值的变化

任何物体的运动，如位置变化、缩放、旋转等，都会有一定时间的延续。比如说物体从 A 运动到 B，经过的时间为 1 秒，A 到 B 是两个数值的变化。这种模式比较好理解，相当于在总时间不变的情况下，物体都是从 A 到 B，但是移动的过程可以时快时慢，但平均速度总是一致的。如果使用一个二维坐标来表示这个变化，横轴为时间（Time），纵轴为数值（Value），那么运动过程在没有快慢变化的情况下，会是一条斜线，除此之外的各种曲线，均是有速度变化的，如图2-95所示。

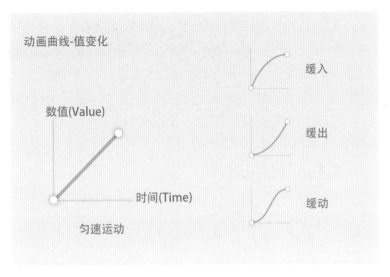

图 2-95 动画曲线中值的变化

◎ 速度的变化

那么如果变化的是时间，而不改变数值，就会让速度发生变化。例如，在1秒的时间内物体的运动距离为100像素，如果改变时间长短，0.5秒内运动距离为100像素，那么速度就提高了2倍。现实生活中，速度在大多数情况下是一个变化的量。例如，汽车刚启动的时候是处于加速度状态，真正的匀速运动实际上很少。所以把速度的数值作为一个二维坐标中的纵轴变量，那么随着时间的推移，速度的数值若一直不变，则会是一条横线，即匀速运动。除此之外的各种曲线均是变速，而各种有规律的曲线都代表着神奇的变速运动效果，如图2-96所示。

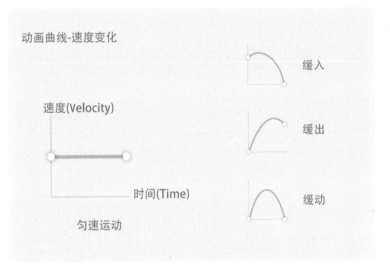

图 2-96 动画曲线中速度的变化

注： 前文主要是对从运动原理、运动曲线和动画曲线的简单梳理。物理学中的力学分支出运动学和动力学等。而对运动状态的模拟，使用到了数学函数，即运动曲线。在动画技术中，又将函数曲线用于控制物体运动的各种变化，这就是动画曲线。

◎ AE 图表编辑器中的曲线

如果你理解了前文中的动画曲线的概念，那到图标编辑器部分就简单了。AE 的图表编辑器分为值曲线和速度曲线两种情况，前文提到的数值和速度的变化，分别对应的就是这两种曲线。通常需要调整位置变化的关键帧曲线，默认情况是速度曲线，也可以自由切换不同的曲线类型。调整一个曲线类型之后，另一个也会发生变化。可以灵活选择自己觉得合适的方式来调整曲线。

◎ 动画曲线的运用

在实际的创作中，我们经常会运用到动画曲线中的回弹、惯性减速或启动加速等。将动画曲线运用在位置、缩放、旋转等参数上，能够让简单的形状对象更加生动。常用的动画曲线主要包括"缓入""缓出""缓动"3种类型。根据动画的运动情况，会运用多种组合。关于这部分的运用，后续还会介绍一些 AE 自动化方面的内容，让你可以更加快捷、方便地进行曲线调整。

◎ 关于缓动的定义

大家可能会发现，我在视频讲解里对"缓入""缓出"的概念表述是与 AE 软件里的相反的。这是因为在讲解过程中，曲线有数值化的输入速度和输出速度的功能。因此，把"缓入"和"输入"以及"缓出"和"输出"等同了，相当于在单个运动状态里包含了"入（开始）"和"出（结束）"，因此造成了刚好相反的表述。

AE 中有"入场"和"出场"的概念，因此"缓入"即"由快到慢"，而"缓出"则为"由慢到快"。AE 中完整的动画可被理解为"入场""场内"和"出场"3 段。

由于 MG 中有大量的"场中"运动，因此把运动状态的开始和结束简化来理解。这里并不是希望大家不按照 AE 原本的定义去理解这两种运动的变化，只是概念在特定领域具备适用性。大家可通过独立思考来选择适合自己的理解方式。

2. 表达式

表达式可用于制作规律性动画，能避免通过手动方式创建大量的重复运动效果所耗费的时间。所以从某种程度上来讲，并不是说不会用表达式就无法通过 AE 来创作 MG，只是使用表达式能够更高效地处理一些规律性的动画制作。表达式基于 JavaScript 语言，而 JavaScript 是一种高级编程语言，通过解释执行。不需要去了解什么是 JavaScript，简单地理解为它在解释属性动画即可。

我们可以用表达式完成某个动画效果的一部分，甚至动画本身完全由表达式编写出来，而且在表达式中也可以继续添加关键帧动画。AE 软件已经为大家提供了一些表达式的模板，只需要将参数名称替换为实际的数值，即可让表达式发挥作用。当然，一些简单的表达式也可以通过在字段输入框中直接键入来完成编写。

除此之外，表达式还支持查看由表达式所生成的动画曲线图表，关联器（也就是链接父子级关系的功能）以及表达式语言（即可以直接添加的表达式模板）已经在最大程度上对没有程序语言基础的图像设计师们提供了便利。

表达式还有更多的应用方式，如使用关联器或者将表达式转换为关键帧，可以更方便地调整具体的动画效果。有关的详细说明，大家也可以查阅帮助文档以及官方网站的相关页面去进一步了解。

◎ 表达式和曲线

一些运动方面的表达式（如弹性表达式）在对物体添加弹性表达式后，物体运动状态的末端会出现弹簧一般的往复运动，非常流畅、自然。而此时，当你打开了单击"启用表达式"功能右侧的"后表达式图表"时，会很容易地看到弹簧运动情况下的曲线状态，如图 2-97 所示。这就是说，如果你参照这样的曲线来给一个物体的运动调整动画曲线，理论上也是可以达到一样的效果，但从效率上来说，这样的做法并不可取。函数是数学的方法，数学是严谨而准确的，数学提供的方法和思路让设计产出变得可控，所以学会表达式会给动画制作带来很多好处。

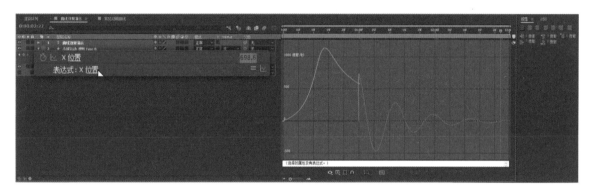

图 2-97 弹性表达式的动画曲线

◎ 表达式的运用范围

通过表达式可以让一些重复或者简单的操作更加高效。例如，前面的案例提到的循环表达式，循环表达式的类型有很多，除了普通的重复播放的循环方式外，还有从 0 开始加速到当前速度后一直播放下去的循环方式（即 Continue）以及往复运动方式的循环（即 Pingpong）。此类为提高效率的表达式，能避免重复劳动，可以将它们理解为以辅助优化为目的的表达式。

有一些表达式是用于解决棘手问题的，如摆动表达式 Wiggle。摆动是一种对随机运动的模拟，通过设置震动幅度与频率参数来实现摆动的效果，写法非常简单，甚至只需要填入两个数字即可。此表达式解决了很大的问题，在无表达式情况下制作此类动画，需要在整个合成时长里不断地添加位置移动的关键帧，并且需要调整运动曲线，非常耗时而且效果通常不能令人满意。此类型的表达式同样也能提高效率，同时也解决了常规情况下出现的麻烦问题，我们也可以将其理解为作为功能来解决问题的表达式。

还有一些表达式，能够二者兼顾，或者可以将多种表达式混合应用在一个方案里，制作此类方案需要一定的基础，并且要熟悉各种表达式的结合使用方法，需要在逐步学习的过程不断积累才能够掌握。

◎ 表达式的学习方法

由于这是一个不建议大家深挖的功能模块，学会常用的几种表达式的使用方法基本可以满足创作需要。不推荐大家去背表达式，因此也并未在此小节中提供任何表达式的完整写法，希望大家把精力放在理解表达式以及发挥其作用上。通常使用到的表达式可以通过表达式语言模板添加，就不会遇到写法和语法的错误。

注：将 AE 的图表编辑器与表达式放在一起来讲，是因为它们具有关联性，很多表达式的使用目的是对运动进行一些优化，因此表达式的功能里也有曲线图表可以查看。创作 MG 所需的软件基础知识，至此已经讲完了，熟练运用这些知识可以创作出很多运动效果丰富的 MG 作品。

2.3.6 AE 自动化

到这一小节，算是制作 MG 所需 AE 软件知识的最后一个部分了。自动化是 AE 复杂且庞大的系统中非常重要的一个部分，前文提到表达式的作用是提高效率。合理运用这些手段，可让自己的作品创作效率以及质量得以提升。这一小节会在提高效率与创意灵感的维度来介绍一下这部分的内容，主要涉及预设、效果、脚本和插件运用以及相关的注意事项。

学习本节内容时给大家的建议：适度运用，够用即可。如果你有心去查阅 AE 自动化方面的第三方资源，你会发现自己如同身处浩瀚的海洋一般。另外，在本小节的最后，也讲解了用自动化功能可能带来的一些隐患。

1. 动画预设与效果

动画预设是针对某些属性动画进行保存，并且能快速添加到对象上的功能，可以通过给一个图层中的对象添加动画预设，让它快速地具备动画效果。AE 自带了很多动画预设，有一些是效果和属性的组合，还有一些是通过表达式来控制动画的。执行"窗口 > 预设和效果菜单命令，调出预设和效果的窗口。其中动画预设被作为第一个文件夹呈现出来，之后的部分均和菜单栏中的"效果"选项所展开的内容一致，也就是说这两个部分通过预设和效果这个窗口被整合到了一起。

那么效果是什么概念呢？直观地理解，有一些词汇是我们比较熟悉的。例如，模糊、杂色或颗粒等，会比较容易联想起 PS 中的滤镜。而事实上滤镜和效果是有区别的，滤镜作用于静止的图像，而效果是可以进行动态调整的，如进行撤销、修改等。相比直接对图像进行修改并且不可逆的滤镜，效果是更为灵活的功能。在帮助文档里效果被形容为小的软件模块，也叫作增效工具。

◎ 动画预设与效果的安装

关于动画预设的详细解释，大家可以参看帮助文档，不过有时候一些更为方便的预设方案和效果是需要单独安装的，这也就是第三方预设与增效工具文件。下面为大家讲解如何安装这些需要自行添加的预设与效果。

动画预设的默认安装目录：

(Windows) ProgramFiles\Adobe\Adobe After Effects CC\Support Files\ Presets

(Mac OS) Applications/Adobe After Effects CC/Presets

打开 Presets 文件夹后可以看到分类文件夹，与我们浏览的预设文件夹对应，而预设本身的文件格式为"*.ffx"，如"幻影 .ffx"。

(Windows) Program Files\Adobe\Adobe After Effects CC\Support Files\Required

(Mac OS) Applications/Adobe After Effects CC/Plug-ins

打开 Required 文件夹后可以看到格式为 "*.aex" 的文件，这就是增效工具的文件格式。除此之外，还有 "*.pbk" "*.pbg" 等格式。在下载第三方的增效工具文件时，通常也会带有安装说明和使用教程，方便大家学习使用。

◎ 如何学习动画预设与效果

动画预设和效果通常会在案例制作的过程中使用到。大多数情况都不会按照顺序逐个地去认识并且使用这些效果，这不利于记忆和掌握。推荐大家不要局限于本书所讲的内容，要多去查阅这方面的教程和资源。虽然说案例中也会讲到一些常用的效果，但这对于整个软件来说，也只是冰山一角。大家需要把从本书中学习到的思维方法运用到所见的其他案例与作品中，多参与专业领域的社群交流，这样才能使制作水平得到提高。

2. 脚本与插件

脚本是一种可执行一系列操作的命令合集，简单来讲就是你把一些预定好的操作告知程序来帮你完成，对 PS 比较熟悉的读者可能接触过脚本的概念。通过编辑动作脚本，能够让 PS 快速完成很多需要花费大量时间的效果，大大提高了工作效率。

AE 的脚本使用了 Adobe ExtendScript 语言，该语言是 JavaScript 的一种扩展形式。脚本通常有 "*.jsx" 或者 "*.jsxbin" 等格式。除了 AE 自带的脚本之外，一些技术强大的第三方公司也自行开发了很多对应 AE 的脚本，经过封装之后安装起来十分方便，并且提供了安装与使用教程，我们将其称为插件。

◎ 脚本的安装

脚本的安装方法并不复杂，需要把脚本文件复制到脚本所在的目录，然后可以在菜单的窗口选项最下方找到它，勾选即可开启。有一些需要联网的脚本，要允许脚本写入文件和通过网络通信，执行"编辑 > 首选项 > 常规"菜单命令 (Windows) 或"After Effects> 首选项 > 常规"(Mac OS)，然后选择"允许脚本写入文件和访问网络"这个选项。

脚本文件的默认安装目录：

(Windows) Program Files\Adobe\Adobe After Effects CC\Support Files\Scripts

(Mac OS) Applications/Adobe After Effects CC/Scripts/ScriptUI Panels

◎ 插件的安装

各种强大的第三方插件有的使用脚本安装方法进行安装，也有的是一些被打包为软件安装包的形式，因此可以直接进行安装。插件发布的机构通常会提供安装教程与使用教程，有介绍视频可以帮助我们快速上手。

3. 制作 MG 的常用插件

在不同的领域，对 AE 插件的应用各不相同，这里针对 MG 创作向大家推荐一些非常实用的插件作为参考。

◎ Mograph Motion v2.0

Mograph Motion v2.0 被称为 MG 运动图形的高级脚本，有很多实用的功能，可通过它来调整动画曲线快速实现缓动效果。它配有多组快捷动画效果方案，其中的一部分效果较为复杂、丰富，这大大改善了从零开始制作动画的效率问题。Mograph Motion v2.0 通过特殊的表达式控制方法来管理动画。

除此之外，中心点位置的移动也是此脚本大受欢迎的一个重要原因，能帮助我们节省大量的时间。

这些在 AE 中不直接提供的功能可以帮助我们获得更多的创作灵感，搭配核心创意使用会达到事半功倍的效果。

◎ Duik

这个脚本主要用于创作骨骼动画。虽然在 AE 中有关联器与操控点工具，但如果你对于骨骼动画有一定的了解，就会发现一些专业制作骨骼动画的工具具备了 AE 所无法比拟的优势。Duik 就是为了解决这样的问题而开发的。

当然，不只是绑定骨骼这么简单，人物的运动动画含有很多力学规律，需要用函数表达式来模拟。Duik 中的反向动力学系统会通过简单的控制器来帮助你快速实现想要的效果，并且根据你的骨骼绑定自动适应两足动物的四肢关节，让你能够简单地完成骨骼创建与绑定操控。

Duik 在动画方面也很强大，动画控制器可以帮助你简单地设置弹簧，延迟和反弹等效果，并且可以在同一个合成里复制动画效果以及进行简单的修改和管理。

除了 Duik 外，骨骼类型的插件还有 AEscripts Joystick 'n Sliders、RubberHose 等。

◎ Element 3D

Element 3D，简称 E3D。AE 一直以来对 3D 图形功能都只有属性添加的可能性，仅是后期意义上的编辑。但有了 Element 3D 之后，你可以在 AE 中打开一个简单的 3D 软件，能够完整地进行创建模型、材质贴图、调整灯光等操作。

E3D 支持 C4D 的材质和贴图加载，界面美观、简洁。相比于专业 3D 工具复杂的界面，它更容易适应和操作。最重要的是它可以让多种工作流程在一个工具中完成。

◎ Particular

Particular 是 Trapcode 插件的其中一个部分，这个插件主要用于创建粒子特效，在 MG 中会经常看到各种酷炫的粒子发射效果，通过这个插件就能够创建出令人惊艳的且接近自然现象的粒子视觉效果。

因为有了这个著名的插件，你甚至不需要专门去对 AE 自带的粒子效果进行学习，可以在案例制作过程中直接使用这个插件。

注： AE 的第三方插件不胜枚举，并且还有很多新的插件在不断地被开发出来。以上仅是针对常用的创作场景挑选了一些使用频率较高的脚本和插件进行介绍。而视频讲解也只是针对其中的两 3 插件进行了演示，因为这部分内容较为丰富，待掌握了足够的基础技巧之后，可以再去慢慢地深入了解。

---

4. 学习 AE 自动化的注意事项

AE 自动化的扩展可谓无穷无尽，本小节所讲的只是预设、效果、脚本和插件。除此之外，内容模板的形式也可以作为素材使用。我们通过对自动化部分的学习，会有这样一个感受，那就是这些方便的工具甚至取代了 AE 本身的功能。对于创作，我们是否更应该注意学习好这个部分。

针对这个问题，不能一概而论。不可否认，自动化本身就是一个具备无限可能性的扩展模块，而第三方公司提供的 AE 脚本插件在推动着行业的发展。一些顶尖的行业技术理论，通过插件的形式让更多的人感受到技术发展所带来的全新体验。了解这些融合了技术和创意的软件工具，可以开阔我们的视野，反过来帮助我们形成自己的认知，进而激发创作的灵感。

事实上，所有的扩展模块都是基于 AE 本身的基础功能来做的升级。除了一些特别强大的功能性插件外，简单的脚本制作出来的效果基本都是可以使用 AE 就能完成的，它只是为了提高效率而被开发出来的。切不可把目标和方法颠倒过来，沉溺于这些插件的使用上。

创意本身是具有无限可能性的，需要让工具服务于创意，而非把注意力集中在工具上。优秀的 MG 作品，依然需要在创意和制作上花费大量的时间，希望大家能够深刻体会到创作的不易。

5. 小结

本章至此，仅是针对 AE 的部分基础操作进行了介绍与讲解，实际上还有很多细节暂时没有提到。AE 的功能庞大且复杂，对于初学者而言，我更推荐大家先学会最容易和最重要的一些功能，在此基础上便可通过发挥创意创作出一些简单的作品。凡事循序渐进才可长远，学习是无止境的。

在此后的章节中，我还会结合案例创作给大家讲解更多关于软件操作方面的技巧。此外，在下一小节中，也会给大家介绍一些 AE 相关的扩展内容，帮助大家多了解一些软件知识。

2.3.7 AE 的相关扩展内容

经过前面的学习，或许你已经掌握了一些常用的 AE 功能和制作思路，能够根据这些知识完成简单的 MG 制作。而对于一些在之前案例中没有被提及的相关内容，并非不需要掌握，因此这里我会将这些内容整理出来，方便大家进行查阅。

本小节主要是对一些工具的补充介绍和对同类型功能的简单对比等。在前面的案例学习中，在优先考虑学会操作的前提下，我们只对影响到当前案例的工具进行了介绍，而对一些相关的内容并未展开来讲。这里我会对这些内容进行一次相对全面的介绍。

1. 形状图层

如图 2-98 所示，形状图层展开后，有"内容"属性组。我们在使用形状工具绘制对象后，会被归入到这个属性组，而在"内容"属性组右侧，有一个"添加"按钮，单击后可以看到有很多选项。这些选项可分为 3 组，其中的一部分选项为常用的功能，下面针对这些功能进行详细讲解。

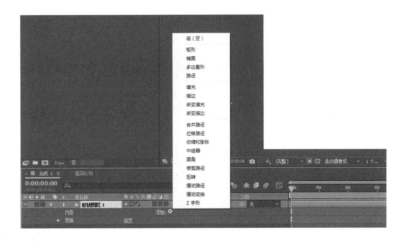

图 2-98 形状图层可添加的属性

◎ 组（空）

可以添加一个带有变换属性的图层组，相当于你可以把在图层内容下创建的内容拖曳到这个组里，如形状、填充等。在一个形状图层中有非常多复杂内容的情况下，可以将其归入不同的分组进行管理，并且在属性方面是相互独立的。

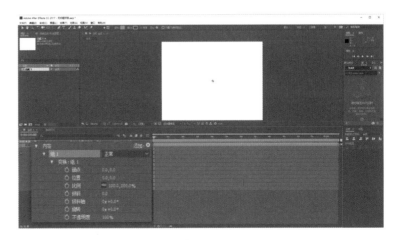

图 2-99 组（空）

◎ 矩形～路径

添加形状内容在图层中，支持拖曳到"组（空）"里。添加后不包含填充和描边属性，若需要这些属性，则需要再次添加。区别于使用工具栏中的形状工具添加形状，这里的这些选项自带描边和填充属性。

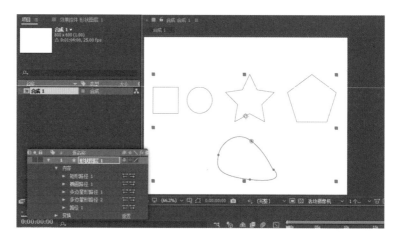

图 2-100 矩形～路径

◎ 填充

针对添加的形状内容来增加填充属性，支持拖曳到"组（空）"里。在没有添加"组（空）"的前提下，该填充属性影响形状图层中位于其上方的所有形状对象。

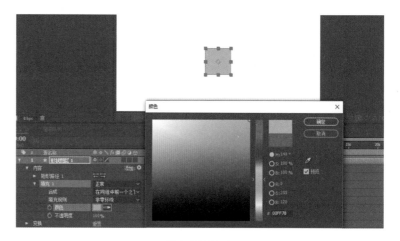

图 2-101 填充

◎ 描边

针对添加的形状内容来增加描边属性，支持拖曳到"组（空）"里。在没有添加"组（空）"的前提下，该描边属性影响形状图层中位于其上方的所有形状对象。

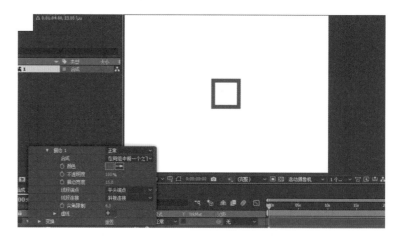

图 2-102 描边

◎ 渐变填充

针对添加的形状内容来增加渐变填充属性，支持拖曳到"组（空）"里。在没有添加"组（空）"的前提下，该渐变填充属性影响形状图层中位于其上方的所有形状对象。

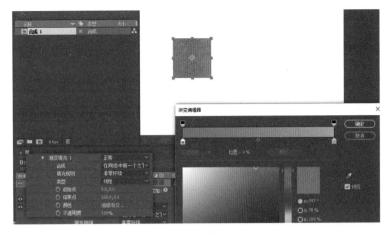

图 2-103 渐变填充

◎ 渐变描边

针对添加的形状内容来增加渐变描边属性，支持拖曳到"组（空）"里。在没有添加"组（空）"的前提下，该渐变描边属性影响形状图层中位于其上方的所有形状对象。

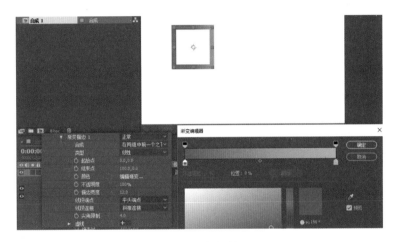

图 2-104 渐变描边

注： 所有的"描边"和"填充"都是作用于位于它之上的形状对象，因此不要把它们拖曳到形状对象的上方，否则会失效。一次添加多个属性组（如多个"填充"），默认会显示位于顶部的属性组效果，属性组右侧有叠加模式，近似图层叠加模式，可以相互叠加。若把形状对象和各种属性组分别整理至"组（空）"中，那么这些属性将不再相互影响，而是会影响组内的形状对象。组之间的影响可以通过改变叠加模式的选项来调整。

◎ 合并路径

当你在形状图层里添加了多个形状对象的时候，可以使用"合并路径"，它会影响位于其上方的所有形状对象，相当于 PS 中路径的"布尔运算"，或者 AI 中的"路径查找器"功能。

可以通过进行"合并""相加""相交""相减"或"排除"等操作，来改变路径的加减关系。UI 设计师常用 PS 和 AI 上的类似功能来绘制图标。

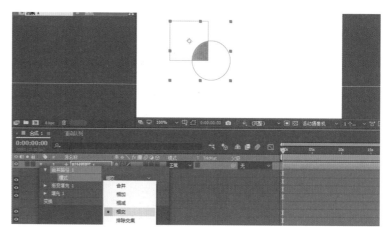

图 2-105 合并路径

◎ **位移路径**

可以往外扩展或者向内收缩形状的轮廓，如绘制椭圆、添加描边，可以用于制作圆环转场或环形水波。其他形状也可以这么设置，线段连接和尖角设置用于非曲线状态下的线条转折方式。

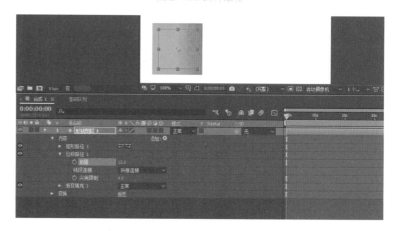

图 2-106 位移路径

◎ **收缩和膨胀**

如字面意思，此效果用于给路径轮廓添加形变效果，支持拖曳到"组（空）"里。正值为膨胀效果，负值为收缩效果。不同形状对象使用收缩或膨胀会产生不同的效果。

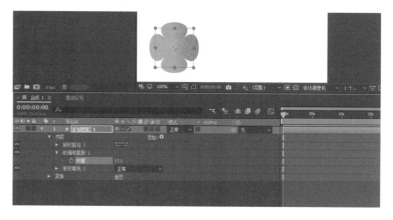

图 2-107 收缩和膨胀

◎ **中继器**

中继器这个名称可能让人觉得比较难理解，英文版本上叫作 Repeater。这是一个跟复制有关系的词汇，你甚至可以在这个使用场景下将其直译为复制器，它的功能就是复制形状图层中位于它之上的对象和动画（所以不要把中继器拖曳到形状对象的上面）。中继器不会针对复制对象生成多个图层，因此在为形状对象添加中继器之后，添加的动画效果会应用在所有的副本上。

中继器主要由两个参数和一个变换属性组构成。

- 副本：决定形状对象的复制数量。

- 偏移：让所有形状对象（本体和副本）都向左或者向右偏离（负值向左、正值向右）。

变换属性组

- 锚点：一般情况不作调整。

- 位置：此项影响复制对象的间距。

- 比例：此项会依次把复制对象缩小或者放大。

- 旋转：此项会依次让复制对象的旋转速度越来越快。

- 起始点不透明度：被复制的对象越靠近本体透明度越低。

- 结束点不透明度：被复制的对象越远离本体透明度越低。

中继器的参数讲完，可能你还是有一点不清楚该怎么用。一般可以用中继器来做放射状的图形。首先，让形状对象的"位置"属性里的丫坐标进行一定量的平移，把"变换：中继器"属性组中的"位置"属性参数全部归零。然后根据副本数量按照 360° 均分，在"旋转"属性中填入均分的数值，如 8，那么"旋转"参数就是"0x+45°"，这样就完成了一个放射状的图形效果。

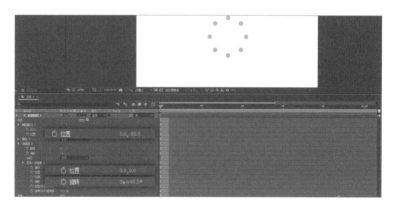

图 2-108 图层添加中继器

◎ 圆角

为矩形添加"圆角"属性，可调整圆度。这个属性主要用于使用鼠标右键将形状对象转换为"贝塞尔曲线路径"之后，且需要继续添加圆角的情况。

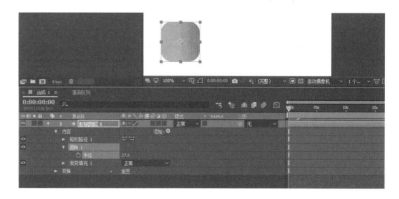

图 2-109 圆角

◎ 修剪路径

这是一个非常实用的属性，在前面案例专门讲过。通过"开始""结束""偏移"3组参数调整，可以完成丰富、流畅的曲线动画。

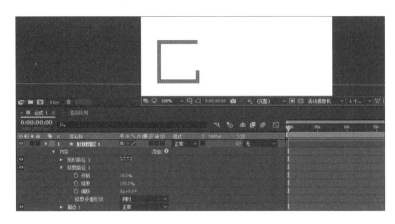

图 2-110 修剪路径

◎ 扭转

可以通过"角度"和"中心"两组参数来让形状对象扭动起来，适合用于制作一些转场效果。

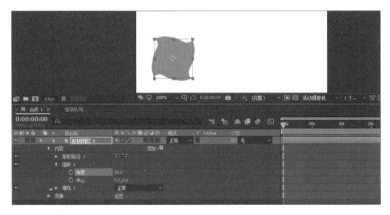

图 2-111 扭转

◎ 摆动路径

添加这个属性后，形状对象边缘会呈锯齿状，并且如波浪一样摆动，不需要专门记录关键帧就能一直运动。可以调整它的各项参数来完成不同的效果制作。

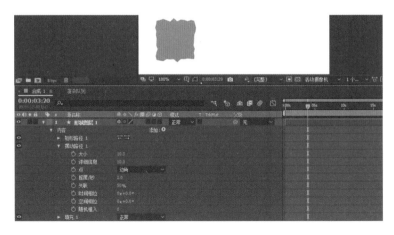

图 2-112 摆动路径

◎ 摆动变换

在摆动变换附带的"变换"
属性组中调节其中一项的数值，
便可持续随机变换，而不需要添
加关键帧。

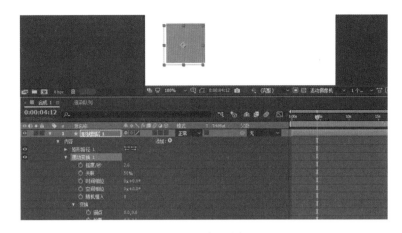

图 2-113 摆动变换

◎ Z 字形

实际就是给形状对象添加锯
齿效果，可以调整锯齿的数量和
平滑度等数值。

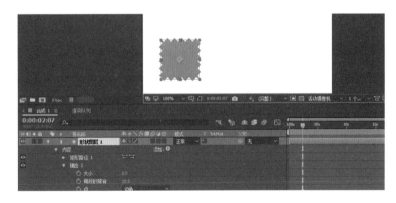

图 2-114 Z 字形

2. 关键帧

关键帧就是对各种各样的图层属性的具体数值与状态进行记录的一个时间点标记，这个概念包含了两个方
面。一是关键帧是一个时间点的标记，二是它在相应的时间点能对各种属性数值与状态进行记录。

关键帧是时间点的标记，而关键帧之间作为过渡的，我们称为关键帧插值。通过对关键帧设置来决定关键
帧的插值方法，这就是关键帧形成各种不同形状的原因，它们代表了不同的插值类型，同时也决定了动画过渡
的不同状态。

关键帧插值有空间插值和时间插值两种。有一些属性存在空间插值，如"位置"属性，可以看到其运动轨
迹是一条贝塞尔曲线，它控制的是运动路径。而时间插值，则是动画曲线，在图标编辑器中可进行调整。

调整关键帧插值的方法是选中关键帧，单击鼠标右键选择"关键帧插值"，在打开的对话框中可以看到时
间和空间插值的下拉选项，如图 2-115 所示。下面针对时间插值的其他几种关键帧来进行讲解。

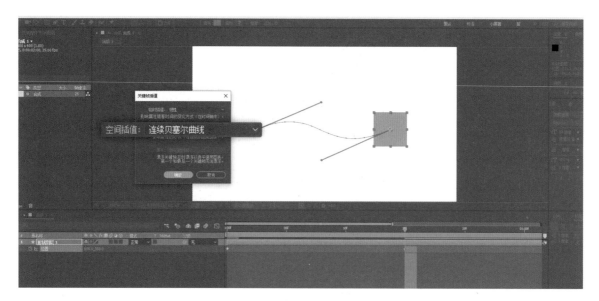

图 2-115 关键帧空间插值

◎ 线性插值

线性插值在曲线上表现为直线和斜线，关键帧形状为默认的"菱形"，如图 2-116 所示。

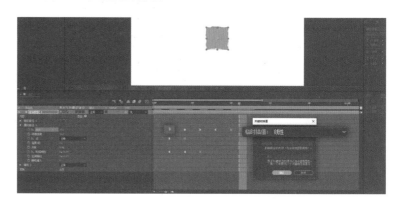

图 2-116 线性插值

◎ 自动贝塞尔曲线插值

属性动画曲线两端均为贝塞尔曲线，关键帧形状为"圆形"，如图 2-117 所示。

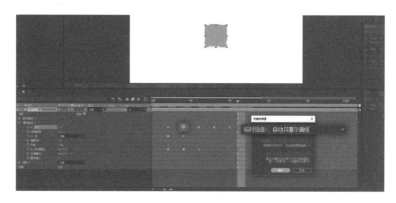

图 2-117 自动贝塞尔曲线插值

◎ 贝塞尔曲线插值

属性动画曲线两端均为贝塞尔曲线，关键帧形状为"漏斗状"，如图 2-118 所示。

◎ 连续贝塞尔曲线插值

属性动画曲线两端均为贝塞尔曲线，关键帧形状为"漏斗状"。

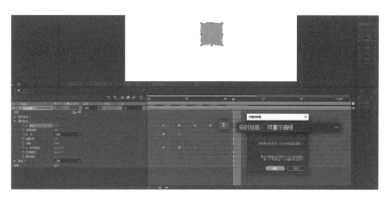

图 2-118 贝塞尔曲线插值

◎ 定格插值

属性动画曲线为直线，关键帧形状为"方形""箭头 + 方形"和"菱形 + 方形"。

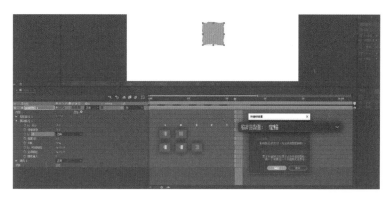

图 2-119 定格插值

从大的分类来看，关键帧插值只分为"线性""贝塞尔"和"定格"3 种，而 3 种"贝塞尔曲线插值"其实都可以调整出一样的运动曲线，从而使关键帧的形状均为"漏斗状"。可以根据自己的使用需求来进行选择。

除此之外，一些特殊的情况，如"缓入"和"缓出"属于带有多状态的关键帧，可以直接使用关键帧辅助功能来做出关键帧的形状。

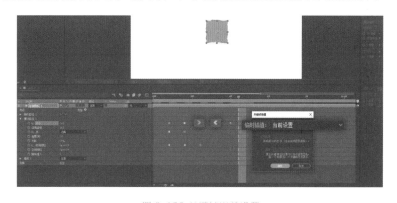

图 2-120 关键帧当前设置

3. 小结

本章内容较多，对 AE 软件的基础知识以及学习方法进行了讲解。学习完本章内容，你或许可以独立完成很多 MG 的动画效果。不过也许你会发现，你在网上浏览关于 MG 的信息时，依然还有很多效果你无法用已掌握的知识与技巧去完成。本章的目的是带你掌握 AE 中用于创作 MG 的各项主要功能，而对于创作 MG 来说，在入门之后还有更多的知识要学习。在后续章节，我还会继续介绍更多的制作方法和技巧，会从创作的角度来讲解 MG 的制作流程以及创意思考的过程，并带你从优秀作品中分析总结那些作品的创作思路和制作方法。除此之外，大家可以参考本书所介绍的学习方法和思维方法，去探索更多书本之外的内容。

第 3 章

理论、思维与创作

在第 2 章讲解了 AE 的使用，并结合案例安排了训练任务，对用于 MG 制作的大部分软件基础知识、制作方法和相关思路进行了讲解。本章则要带领大家在学会使用软件之后，正式进入到 MG 的创作中来。分析 MG 的创作流程是什么样，优秀的 MG 作品是如何结合创意与工具，以及如何将一些新的知识与技巧综合应用起来。

第 3 章由 3 部分构成，第一部分是临摹案例，从细致的分析到动手制作和注意事项，完整地讲解了临摹学习的思路和过程；第二部分是必要的影视与动画知识讲解；第三部分则安排了完整的 MG 创作流程讲解，是对前两部分内容的整合。

3.1 学习优秀的 MG 作品

优秀的 MG 作品遍布各领域、有各种风格和类型。在此阶段若要得到提升，就需要去多看、多观察那些优秀的 MG 作品，去了解它们是如何表达创意的。有一些 MG 是由资深动画师或者团队合作完成的，这类型的作品我们暂时以欣赏为主，不作为此阶段的研究重点。我们可以从个人设计师完成的作品入手，从中学习制作 MG 的经验。

3.1.1 观察并提出问题

1. 观察作品

在看到一个作品的时候，需要把整个作品完整地观看数次，使其在心中留下一些属于自己的主观感受并将其转化为问题，这是第一阶段需要去做的。观察、思考所看到的动画效果，整理出观看感受，并且通过自己的理解方式来描述这个动画效果。之后根据这些感受和描述来提出问题，如动画中的元素形态是如何转换的、色彩是如何变化的、转场效果是怎样的、动画节奏是怎样调节的。

先来看一个比较简单的案例，是某国外网站整理的 2016 年 MG 作品选中的一段动画。

我截取了视频中的几张图，如图 3-1 所示。实际上，如果你看过 MG 视频就不难发现，这只是其所包含的很小一部分的信息，这几张图仅是其中出现的几个固定图形，而真正充满观赏性的效果却是图形之间的交错呈现、动态变化以及转场变化等。所以这也从侧面印证了 MG 的魅力是其他设计形式所无法具备的。

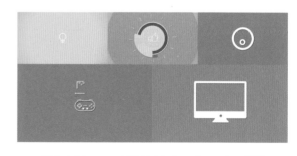

图 3-1 Showreel 2016 Motion Graphics 截图

扫描二维码

查看案例效果

大家可以跟随书中的分析思路，尝试提炼出关键词来定义作品的整体视觉感受。这个 MG 主要表达的是时代发展，从电灯到纸张书写、摄影，最后到互联网和移动互联网。配有背景音乐且音乐节奏契合图形动态演绎的 MG 作品，很快就能吸引我们的注意力。我自己看这个 MG 作品的第一个感受就是欢快。随着动态效果的快速变化，图形不断地通过意想不到的方式被演绎成其他对象，所以这个 MG 作品给我的第二个感受就是流畅。

2. 分析作品，整理问题

可以尝试使用自己学会的方法来思考一下动画制作过程，这对学习是非常有帮助的。分析过程产生的初步结论，并不一定会形成最终的制作方案，因此还需要进行一次整体分析，并提出一些问题，以便进入下一个步骤。

从整体来讲，这个 MG 作品的视觉风格以线条变化为主，转场部分多次使用各类圆环。路径动画使用较多，如路径修剪、路径运动等，除此之外是对蒙版动画的运用。这些制作方法贯穿了整个 MG 短片的制作过程，所以我们面临的第一个问题就是如何对整个片子进行拆分，以方便临摹。

在制订方案前，我们可以对这个阶段的分析结果进行记录，记录的详细程度可根据自己的实际情况来调整。回顾前文所讲的制作流程，先来准备静态资源。

3. 制订动画方案

有了观察和思考，结合所学的知识设计出动画方案，并开始尝试制作。动画方案的设计不同于之前的分析，需要把实际制作的内容具体分配好，并预留一些能想到的问题以及应对的手段。从观察、思考到方案设计，这个过程相对烦琐，目的是让大家形成先思考再动手的习惯。

AE 的基本工作流程是导入素材、组织素材、制作动画和调整效果。此为软件的工作流程，而动画方案制订时，对软件的使用只是其中的一个环节，更重要的是设计思路和创意。

◎ 场景拆分

根据分析，可以把场景划分为灯泡、文件、点赞、摄像机、照片、手柄、计算机、平板电脑和手机这几个部分。这些场景可以直接在 AE 中完成，也可以使用 AI 等软件绘制后再导入 AE。

◎ 动画制作

把单个的场景动画分别制作出来，并使用预合成把它们装起来，根据前后关系逐步补充过场内容。这个过程是最为灵活的，可以使用不同的制作方法，前文的有些案例使用的是顺序制作的方法，一边制作一边调整；也有的是使用了先满足核心动效再逐步展开的方式；而闪光水母的案例则是先做完单体效果，再考虑制作运动。

综上所述，可以根据不同情况来制订动画方案。大家在学习这部分时，可以先把案例讲解视频下载下来，对照着反复观看，体会其中的制作思路。

※　灯泡

灯泡的动画效果非常简单，并且转场之间没有过多的穿插，彼此是独立的。因此，这部分可以使用顺序制作的方法。

※　文件

文件隐藏在转场里，通过变化出现，入场后的动画也较简单。所以我们要考虑转场衔接，先制作入场和出场，最后再制作入场后本体的动画。

※　点赞

点赞图标的效果非常简单，比较复杂的是围绕它周围的各种圆形动画，并且增加了一个放射状的效果。可以先制作其中一个圆形，复制后再分别改变背景颜色，这里需要使用蒙版。根据实际情况，可以把一部分内容采用预合成的方式打包，减少图层数量。退场时再次改变背景颜色，可以新增蒙版，并且在退场前进行截断。对复杂多变的内容需要耐心和反复调节。完成了圆形转场之后，是增加放射状的线条效果，比较常用的是中继器，或者使用 Mograph Motion v2.0 插件的"Burst"效果。

※　摄像机

摄像机部分由入场遮罩、本体动画和转场组成，同样可以参考点赞的方案分别制作动画。摄像机入场遮罩比较简单，而摄像机入场过程中的跳动效果可以直接缩放变换。转场的圆形部分相对复杂，但只要明白制作方法就不难。蒙版之间可以调节加减关系，使用蒙版的运动来让圆形效果偏离中心，并且这种动画的效果并不一定需要制作得与原片完全一致，更多时候是一种氛围的表达。实际观看作品过程中，几乎无法注意到那么复杂和快速的变化。

摄像机离场时，摄像机颜色改变。这部分的制作，可以使用轨道遮罩和关联器的父级绑定来实现。需要注意的是，从摄像机到照片的转场衔接非常紧密，这里通过背景颜色改变来区分转场，背景色改变后进入下一个部分。

※　照片

照片属于这个 MG 短片中比较复杂的一部分，入场后衔接上一个部分，并且转场使用了遮罩或蒙版的方式，甚至连放射状线条也会使用蒙版。对于入场和转场我们可以参考摄像机动画的相关讲解来进行制作。

照片图标的动画入场可能是用了蒙版或者是修剪路径，具体可以根据制作效果和原片还原度来判断。抖动可以使用效果表达式或插件来制作，照片切换后的离场，可以使用修剪路径来完成。

※　游戏手柄

游戏手柄的背景特效很少，只有离场会涉及，和前后物体的关联度相对低一些，因此这个部分可以采用顺序制作的方法。游戏手柄使用圆角矩形做轮廓，按钮和方向摇杆有单独的动画，离场的部分，方向键同时使用描边和修剪路径，最终通过对轮廓部分缩小宽度和增加描边宽度来完成离场动画。离场衔接使用到圆形转场，大家对这个应该已经很熟悉了，在此不再详述。

※　计算机

计算机显示器可以通过创建形状图层来制作，入场使用到的是蒙版，简单的运动效果之后缩小退场。

※　移动设备

移动设备的转换主要是旋转和切换，圆形转场可以参考摄像机的动画效果。

◎ 工程文件

请按照本书提示，下载附赠的工程文件，可以在文件中查看具体的设置和参数。

大家也可以在源文件中继续新建合成，对照着完成版进行练习，参考下列的步骤与提示完成这个案例。

◎ 制作过程中的关键内容

根据动画方案，这里把制作过程中比较关键的内容整理出来。因为在实际制作的过程中，通常会遇到一些没有预料到的问题，而解决这些问题就是我们进阶与提升的关键所在。

※ 静态文件的制作和导入处理

这里推荐大家使用 AI 来绘制案例中使用到的图标，本案例制作的图标素材包括灯泡、点赞手势、摄像机、两张照片和游戏手柄，如图 3-2 所示。在 AI 中绘制素材时，需要将轮廓进行扩展，这样才能在缩放的过程中使形状描边能够等比例变化。但需要注意的是，即便如此，根据动画制作的需要，一些素材文件也要在 AE 中进行重新绘制或者对部分进行重绘。

图 3-2 图标素材

素材绘制完成后，可以直接拖入 AE 的项目窗口，再拖到图层面板，此时的源文件无法进行任何操作。因此要执行"图层 > 从矢量图层创建形状"菜单命令，把绘制的素材转换为形状图层，然后就可以把素材图层删除，仅保留在项目窗口中，以方便继续调用。

工程文件的素材文件夹里已为大家提供了绘制好的素材文件，可以直接使用。根据需要，在创建好形状图层后，需要大家自行展开各个组来拆分不同图形的组件。当然你也可以自己使用 AI 重新绘制一次，我也推荐你能自己做一遍。

※ 在一个图层中处理多个同类型动画

案例中有很多重复图形需要微调，如果都要进行图层区分的话，会非常繁杂。这里推荐大家在形状图层中以添加组的方式来管理。在第一个场景中，灯泡的灯座部分分别消失，可以在一个图层中通过控制不同的部分来分别制作消失的动画。

在形状图层的"内容"属性组中，添加多个"组（空）"，并分别命名 4 个组，把这些分散的路径分别拖入各组中，并为它们添加"填充"属性，可以在已有的填充属性位置使用快捷键（Ctrl+D 或command+D）复制多次，并拖入对应的组里，如图 3-3 所示。这样便可以运用每个组自带的"变换"属性来控制消失动画。

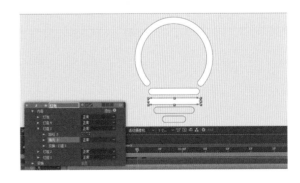

图 3-3 调整素材结构

同样，在处理多层圆环效果并添加"修剪路径"的过程中，也使用了复制的方法在一个图层中完成这些效果。

处理动画的时候，要先处理相同的状态。例如，连续圆环中的"开始"和"结束"两组参数，通过记录关键帧设置"开始"为"20%~0%"，"结束"为"80%~100%"，然后在不记录关键帧的情况下，通过调整每个圆环的"偏移"来达到在不同方向开始动画的效果，注意排列圆环的间距和描边粗细，最终由里到外拖曳每个圆环的关键帧，使其出现前后关系，之后再调节曲线即可，如图3-4所示。

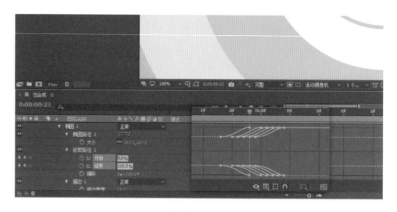

图 3-4 同类型动画的曲线调整

对于灯泡的小光芒，大家可以使用 Motion v2 插件的"Burst"快速生成，案例中还对生成后的效果添加了"径向模糊"的特效，具体参数设置请查看工程文件。

文件由圆形转换为矩形，使用了"旋转扭曲"和"凸出"两个效果，写入文件的动画使用了工具创建蒙版。蒙版动画的制作方法：对路径记录关键帧，框选右侧两个顶点，同时按住 Shift 键并用鼠标拖曳。离场的反向动画制作方法：先复制入场动画图层，然后执行"图层 > 时间 > 时间反向图层"菜单命令，快捷键是 Ctrl+Alt+R（Windows）或 command+option+R（Mac OS）。

※ 复杂动画的调整技巧

在临摹复杂的转场时，需要先把所有静态内容都安排到画面中，再根据它们的前后关系进行单独调整，最后检查一下所有内容之间的节奏关系是否一致，如图3-5所示。

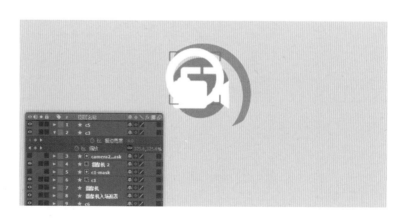

图 3-5 复杂动画的调整

在摄像机这一幕的制作中，各种圆环转场的效果相对复杂。在不同图层中，我分别使用了轨道遮罩和工具创建蒙版的方式。下面是使用蒙版的一些技巧。

通过形状创建蒙版：在选中形状图层的时候，直接按鼠标右键选择蒙版 > 新建蒙版，快捷键是 Ctrl+Shift+N（Windows）或 command+shift+N（Mas OS）。快捷键需要在选中形状时才能成功创建蒙版。

移动和改变蒙版形状：蒙版展开之后，可以看到"蒙版路径"属性。注意，这个属性没有参数，单击"形状"按钮后可以看到参数调整，并且可以将建立好的蒙版由"矩形"重置为"椭圆"，如图 3-6 所示。

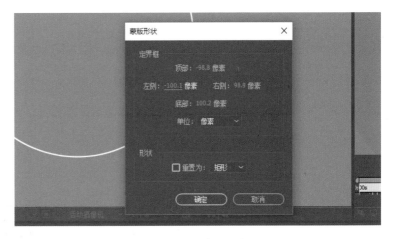

图 3-6 改变蒙版形状

一般情况下可以使用键盘的方向键去移动蒙版并完成运动动画，蒙版形状的顶点也可以被单独框选并进行拖曳来制作路径变形动画，它们都是通过"蒙版路径"这个属性来记录变化的。而如果要复制"蒙版路径"的参数，则可以在选中这个参数的时候使用快捷键进行复制，将复制的参数粘贴到另一个目标蒙版中（需选中目标图层）。

注：制作这种复杂凌乱的转场效果时，只需在视觉上使其更丰富，减少单调性。临摹的过程中不必太死板地追求百分之百地还原，但也不可差距太大。

根据前面所分析的每一个场景，制作完成后通过预合成打包到总合成里。这样就能保证不同场景不会混乱，并且集中在一个合成中，也方便在后期调整的时候进行管理。

※ 静态素材的绘制

在该案例中，一部分素材由于导入后成为贝塞尔曲线路径，丢失了可用于做动画的部分必要属性（当然也可以选择在用 AI 绘制图形的时候不使用复合路径和扩展，但通常也无法保留形状图层的一些参数，如大小、圆度等），因此需要重新绘制这部分图形，如图 3-7 所示。

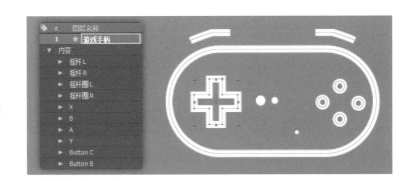

图 3-7 静态素材的绘制

需要注意的是，在一个形状图层中可以建立很多组别来区隔不同图形，并可单独为其制作动画。例如，在"Part5- 照片"和"Part6- 游戏手柄"这两个合成中，主体图形需要添加"修剪路径"完成走线的入场动画和离场动画。根据动画效果来拆分和重建各个部分。单图层中的组件内容很多，调整动画的时候比较考验人的耐心，这是实际制作中需要注意的问题。请相信自己，当你完成一个完整的作品之后，你对相关的软件功能和操作技巧的理解会提升很多。

※ 拆分图层的技巧

在制作一部分构成复杂的内容时，如不能统一控制则会效率低下，并且有的属性不一定支持全局改动（如跨越图层的情况），这就需要进行图层拆分或者预合成。这里简单讲解一下如何判断是使用图层拆分还是预合成。

拆分图层这个思路在后续的"游戏手柄"和"计算机"两个部分使用得比较多。计算机屏幕使用了轨道遮罩，而整个计算机的入场则是使用图层内的工具创建蒙版，但接下来又出现了显示器下缘入场和拼接起来的内容，如图 3-8 所示。

图 3-8 拆分图层

由于显示器下缘的运动带动了整体运动，需要使用图层关联器去链接父子级关系，来让所有元素都跟随拼接后的下缘运动。

注意，这里所讲的拼接后的下缘，就是"计算机下缘"这个图层，从拼接到一起的那个关键帧位置把图层拆分开，然后将计算机屏幕和其他组件关联到这个新拆分出来的"计算机下缘 2"图层。这样做可以同时满足拼接后增加底座拼接（底座的关联器也绑定到"计算机下缘 2"）的计算机整体运动，以及计算机退场的整体缩放动画效果（关联器可以子级跟随父级做基本属性的变化）。

◎ 总结

相比第 2 章，这一章开始出现比较复杂的案例，从观察、思考到实际制作的难度都加大了。在这个阶段，我更希望大家能多看图文教程和思考分析，这些内容是进阶与提升的关键。无论多少视频教程，都囊括不了所有作品，而每天我们浏览各种设计类网站时都可能找到吸引自己的 MG 作品，此时观察和思考便是其中最重要的过程。希望大家能更多地进行这样的练习。

当然，进阶不只是针对工具使用和制作技术，更多的时候是学习创意转化到方案成型的过程。在下一小节，我将会为大家介绍优秀的 MG 作品之所以会吸引人的一些关键因素。

3.1.2 优秀的 MG 所具备的要素

上一小节从欣赏观察到临摹制作 MG 作品，我们介绍了一些新的知识。进阶是一个需要时间积累的过程，在每一次案例学习中我们或多或少地都能有所进步。而对于优秀的 MG 作品，不能只停留在临摹上，因为在逐步过渡到能够自己创作 MG 的路上，还有很多重要的知识需要学习。

这些让我们觉得优秀的 MG 作品，到底具备什么样的特征，应该怎么做才能让自己的作品也变得充满创意、流畅又精彩，下面将会对此进行具体讲解。

视频素材（扫描二维码，查看 MG 作品）

① ② ③ ④ ⑤

① 《Designed by Apple in California 2013》

② 《Chrome browser》

③ 《Google Project Fi》

④ 《Motion Graphics Portfolio ｜ Alfred M》

⑤ 《Motion Graphics_ Infographics-UPS》

注：案例版权归属视频原作者，在此仅作学习参考之用。

1. 核心创意

使用不同的手法和形式来表达出的主题思想就是核心创意。对于核心创意这个词单独理解起来比较抽象，但落到表现形式上来看会具体一些。例如，运用点和线是一种表现手法，基于这种表现手法来设计整部作品，就是核心创意。在《Designed by Apple in California 2013》中，频繁使用了点和线的各种构成方式，并且把抽象的点与线通过动态和音效来表现现实状态下各种材质的运动和变化，如图 3-9 所示。配合音效可以更好地表达核心创意。

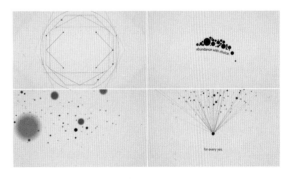

图 3-9 点与线构成的核心创意

优秀的 MG 作品，最重要的一点就是对核心创意的把握。而核心创意的来源是多方面的，可以来源于品牌的风格或者设计师个人的风格，也可以来自产品的营销需求或者是行业的流行趋势。不过需要注意的是，核心创意与设计风格之间虽存在联系，但并不是完全等同的。

说到风格与核心创意，可以通过 Google 的设计风格来进行对比。在前文我们介绍过 Google 的插画风格，配色清新、卡通感强烈、让人轻松愉快。

如图 3-10 所示，这就是 Google 一直以来带给我们的视觉印象。而 Google 在不同的 MG 创意中，只选用一种设计风格，或许是卡通的，或许是色彩构成形式的，但是不同产品或广告之间的创意又相差很大。

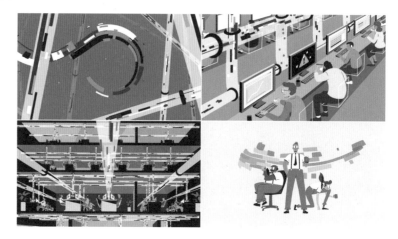

图 3-10 Google 的设计风格

如图 3-11 所示，同样是 Google 的 MG 广告，运用了与 Apple 一样的点、线元素，但却保留下了配色方面的品牌风格，这一个特征让它明显区别于 Apple 的黑白色调。这组对比，比较简单地展示了风格和核心创意之间的区别。核心创意可以任意使用，属于表现手法。但核心创意并不是风格，风格是品牌长期积累下来的一些辨识度较高的特征。

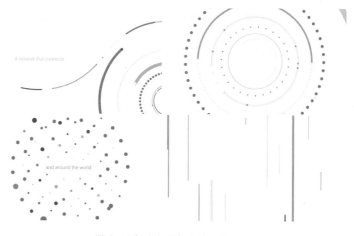

图 3-11 核心创意与设计风格

优秀的 MG 作品具备非常高水准的创意，这不是短期内能够达到的能力。但在学习的过程中，我们需要注意去感受和体验不同的创意和表现手法的特征并进行总结，以便形成自己的认识。

2. 静态设计

MG 起源于平面设计，最早的 MG 用于电影片头。在表现手法上，多为抽象图形的规律运动，这些特征均可以归入平面构成的理论中。那么如何去快速地理解优秀 MG 的静态设计，其实很简单，这本书中所展示的 MG 作品截图都是静态设计，如图 3-12 所示。

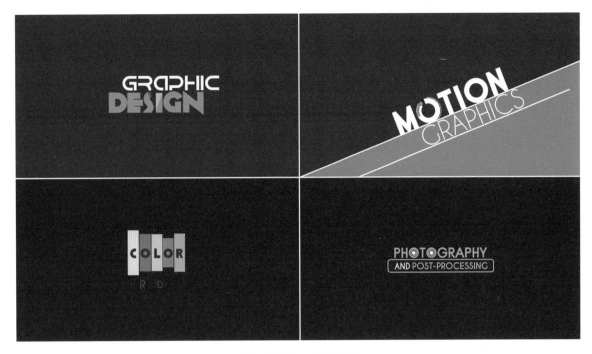

图 3-12 MG 中的静态设计

在研究动态设计的过程中，应从静态开始入手。在一个连贯的 MG 作品中，每一个小的 MG 片段，都是由不同的元素与角色构成的。从平面设计的角度来讲，它们的构图方式决定了它后续进行动态演绎的精彩程度，可以说优秀的 MG 作品都是从静态设计开始的。

关于平面视觉上的构图方法，有很多书籍提供了非常详细和专业的讲解，并且给出了大量切实有效的实践方法，这里我仅结合自己的理解和制作经验，提供几条自认为比较实用的构图技巧，希望能对大家有所帮助。

◎ 讲究主次形状的轮廓

分割图形时，要对主体的轮廓和背景的轮廓进行区分，这是辨识静态设计最重要的一个环节，即用轮廓来定义主体物的造型。例如，图 3-13 中使用叠加线条的轮廓，螺旋形线条和周围的直线形成区分，它在画面中心与周围的直线共同构成了主体物，这样也与背景形成了区分。

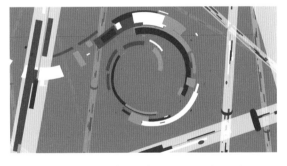

图 3-13 静态设计——轮廓区域

◎ 对比关系

如图 3-14 所示，对比关系其实就是构图中的矛盾关系，如大和小、颜色不同、形状不同，或是其他的属性。考虑到动态设计，MG 作品中的对比关系还包含快与慢等属性。矛盾关系通过对比突出主体物，如何安排矛盾的对比关系显得非常重要，而动态设计的精髓之一就是设计这些矛盾关系的变化。例如，形状转化的动画，利用了从矛盾到新的矛盾的方法，吸引着我们持续地观看下去，让人有目不暇接的感觉。

图 3-14 静态设计——对比关系

在静态设计阶段，我们需要考虑的是构建这些矛盾关系，而无须考虑如何演绎动态转换。静态设计往往需要我们花费很多时间去思考和尝试，但如果你能够设计出优秀的对比关系，便能为后续的动画设计学习带来非常多的灵感与可能性。优秀的 MG 作品非常注重静态设计，以众多优秀的静态场景片段为基础，并且经过巧妙流畅的转场演绎，让 MG 变得更精彩。

◎ 空间关系

空间关系就是物体处于空间里所形成的前后关系。空间关系运用得当，可以最大限度地突出主体物，让观者能够被主体物所吸引。空间关系和其他技巧是搭配使用的，所以我们需要综合考虑。一般情况下，空间关系主要是靠物体相互遮挡以及摄像机镜头运用来体现的。

图 3-15 中运用叶片和丛林元素遮挡住了舞台中心的。建筑和山脉等元素。这种空间关系的运用方法在静态设计中很常见，而作品中的动态设计则是通过逐步让每一层元素离场，让中间元素放大的方式来表现纵向进深运动的状态，将"穿过丛林，来到城市"的情节演绎出来。同类型的这类设计还有时差滚动等做法，这些都是需要在静态设计阶段就要构思好的内容。

图 3-15 静态设计——空间叠压关系

如图 3-16 所示，空间关系的第二种形式就运用摄像机镜头。有一些 MG 作品使用镜头的虚实关系来交代空间位置，主要是通过改变 AE 的摄像机焦距和光圈等参数。这种形式采用现实手段去表达虚拟空间，增加了人的现实体验。

图 3-16 静态设计——空间虚实关系

这种做法需要在动画制作的时候来实现，但表现手法是在前期就设定好的，后续再根据需要来调整。通常会配合焦点移动来转移主体物，进而完成转场的动画。在讲解摄像机案例的时候，我们也提到过用移动焦点的参数来完成转换，这种做法在很多 MG 创作中都可以见到，是一个很重要的制作技巧。

需要注意的是，静态视觉设计中还有一个构图技巧是引导视觉走向。我们在网页海报或广告图中能够经常看到这种形式，之所以没有将其归入静态设计中，是因为它在动态图形设计中只用于动态演绎，这个技巧会在后文进行讲解。

3. 色彩搭配

色彩搭配同样也是 MG 创作的核心要素，不过优秀的色彩搭配并不容易被掌握。色彩在设计领域是一门专业知识，每年发布的设计流行色是由各行业的权威人士通过讨论的方式来提出的，如化妆品、室内设计、产品设计、服装设计等行业。

优秀的 MG 作品在配色上非常讲究，一些动画短片类的 MG 会有专门的色彩指定流程；而产品介绍类的MG，主色就是使用产品色，并相应搭配一些辅助色来完成设计；还有一些其他的 MG，是以每年的流行色来作为搭配的方向和参考。

关于流行色，我们可以通过各种设计网站、博客或是微信公众号等方式来找到相关信息，但这只是提高审美和掌握流行趋势的方法之一。关于配色方面的知识，我们可以通过学习色彩理论或摄影以及研究优秀作品的配色等方法来提高。如图 3-17 所示，学习技术最重要的还是通过多去实践来积累。

图 3-17 静态设计——色彩搭配

◎ 短篇动画类的色彩搭配

短篇动画可以大量借鉴实体场景的颜色，如摄影作品或电影中的配色，也可以去搜索相关设计甚至是同类型的作品夹作为配色参考。有了大的方向之后，再通过自己的学习积累以及制作经验等来决定最终的配色方案。

◎ 产品宣传类的色彩搭配

如果要做某产品的 MG 宣传片，首先需要去了解这个产品的设计师为这个产品所做的视觉配色方案，以及产品本身在各种情况下的色彩表现。简而言之，就是需要先去观察，然后再根据宣传的需求和主题创意来选择配色的方案。大部分情况下，我们可以围绕产品本身的视觉配色方案来指定一些辅助色完成 MG 的配色，主要用于静态设计的部分。

◎ AE 中的配色插件

AE 中自带一个官方的配色插件，即 Adobe Color Themes，执行"窗口 > 扩展 >Adobe Color Themes"菜单命令即可调出，如图 3-18 所示。这个插件打开得比较慢，所以需要稍微耐心一些。这个插件里带有一些配色方案可作为参考，也可在此基础上进行编辑，总体而言，它比较方便，不需要额外安装其他工具或插件，并且它的内容也在不断更新。

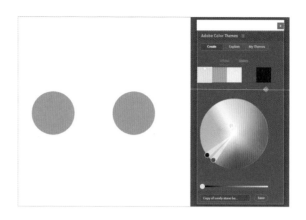

图 3-18 AE 中的配色插件

4. 动态演绎

静态设计的时候会提前考虑一些关于动态设计的内容，因此在这个部分我会把静态页面通过动画进行串连，同时这也是 MG 最核心的部分。MG 作品是由多个方面的设计拼接组合而成的，简单的组合并不能成为优秀的 MG，动态演绎所要做的就是提升这些组合，让它们成为新的整体。这就是动态演绎作为 MG 核心要素的重要意义。

动态演绎也就是动画设计，这一块有很多知识、技巧与方法，但我们可以简单地归纳为两个要点，即视觉引导性融合和情节叙事要准确连贯。

首先是视觉引导性融合，这个要点在静态设计的 3 个构图技巧中存在着关联性，静态设计的图形轮廓、矛盾对比和空间关系最终都要服务于视觉引导，通过动态设计将观者的视觉焦点引导至创作者设计的方向上来。

图 3-19 所示的是《Google Project Fi》的 MG 广告，采用了用点引导线条的方式来做动态演绎，圆点的行动轨迹形成线条，而与其他画面元素的运动速度和形态对比让这个主体物能够"脱颖而出"，我们的视线能够很容易被它引导到新的场景中。在不同场景中，这个点线形式的主体物时而作为线索来串连前后场景，时而成为主要角色，在这个过程中动态设计已经最大程度地承担了视觉引导的作用。因此，当我们在这样的 MG 中加入文案，就会很容易传达产品的理念，让人记住这个视觉感受的同时也能记住产品。

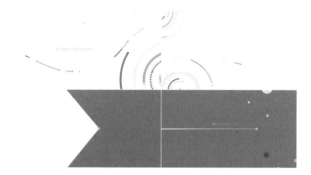

图 3-19 动态演绎——视觉引导性融合

动态演绎的第二个要点是情节叙事要准确连贯。这一点主要用于有故事情节的 MG 作品中，对 MG 如同传统动画片一样进行情节安排，但一般角色无对白，多由旁白叙事。在这类 MG 的动画设计上，我们需要参考传统动画中的一些制作手法，正确地使用镜头语言，让画面和故事内容连贯起来。

如图 3-20 所示，UPS 的广告运用了旁白叙事的方式来介绍产品和业务，其实看过之后，你会发现它巧妙地用了很多 MG 形式的快速转场，即融入了情节的连贯性动画设计。这种动态演绎的方式有如下一些特征。

图 3-20 动态演绎——情节叙事准确连贯

◎ 舞台角色的出现是可以从无到有的

图 3-21 动态演绎——舞台角色从无到有

如图 3-21 所示，片头的礼物动画使用了 MG 的图形转变的方式，这依然符合从静态设计到动态演绎的 MG 处理方法。

◎ 角色作为线索来串连场景

角色可以是拟人的或是情绪表达的，但作为线索的作用与抽象化的 MG 是一致的，如图 3-22 所示。

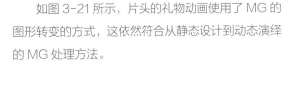

图 3-22 动态演绎——角色作为线索

◎ 场景转换即造型变化与重组

如图 3-23 所示，用抽象的形式演绎具象的物件不需要使用更多的镜头语言来表现传统意义上所理解的时间和空间的变化。在 MG 中，这一切都可以"即刻转变"。

图 3-23 动态演绎——场景转换

MG 的动态演绎无论是抽象的，还是相对具象的，都离不开所要表达的主题与思想，优秀的 MG 设计者在这个方面往往具备非常强的把控能力。我们在参考和学习的过程中，不仅要知道动态是如何演绎的，也要知道如此制作表达出了怎样的想法，是否能为我所用。

5. 视听语言

视听语言包含图像和声音，通过剪辑等手段刺激观众的感官，进而传达信息与感情。简而言之，我们在 MG 中感受到的图像与声音的节奏感、享受感官刺激的过程，就是运用视听语言的结果。这里我之所以把视听语言作为最后的要素来讲，并不是因为它不重要，恰恰相反，正是因为视听语言属于一个较难掌握的部分我才这样安排。另外，MG 中有一大部分个人作品是无声作品，因此视听语言的运用在 MG 中并非必要项，但我们依然有必要去了解它，并且懂得欣赏其优秀之处。

视听语言随着人们长期欣赏习惯的改变而发展。从这个角度来看，视听语言是随时代发展的，与流行色的变化有类似之处。视听语言这个术语属于影视理论范畴，要深入了解需要进行相关知识的学习。当然我会在后续内容里为大家介绍一些必要的入门知识。

我们在欣赏这些带有音乐和音效的 MG 作品时，要尽可能地去感受音乐的节奏是如何与画面结合的，这是一个需要长期靠感性驱动来提高审美和判断力的能力。一些基本的规律也可以在观看的过程中总结出来，如节奏舒缓与强烈的音乐，它们所搭配的动态效果是不同的，以及动态如何在音乐节奏点上进行规律性的变化和衔接等。

在视听语言上，提高审美和学会制作技巧同样重要，所以你需要作为一个观众更多地去欣赏优秀的 MG 作品，逐渐总结出自己的认知感受。同时你也需要研究表现技巧，来把自己的认知感受表达出来。

6. 小结

在欣赏过程中，除了要知道如何实现外，更要知道其优秀的地方在哪。本节内容向大家介绍了优秀的 MG 作品所具备的几大要素，其中的每一项都在很大程度上影响了整个作品的综合表现力。而最终决定创作效果的，往往都是这些看不见的能力。

核心创意： 每个作品都需要有一个主导的核心创意，它决定了 MG 作品创作的整体方向和视觉表现效果。在训练的过程中，我们可以借鉴优秀的创意来提升自己，但一定不要在实际工作中去选择抄袭。

静态设计： 除了前文提到的构图方法，其次就是从一些平面静态视觉作品中来学习关于静态设计的知识，这些方法都需要通过大量的实践才能掌握。

色彩搭配： 同样需要长期积累，色彩知识能够更大程度地帮助你在各种设计领域得到提升。在 MG 创作中，你要更多地参考和学习已有的色彩搭配方式，多关注流行趋势，耐心地调整 MG 作品的色彩。

动态演绎： 学习动态设计，相对来说更需要模仿和思考，可以结合前文所提到的抽象的视觉引导方式以及情节安排的方法。

视听语言： 视听语言的概念来自影视领域，广泛地存在于各类动态视觉设计中，我们要学会将不同领域的实践经验运用到 MG 的创作中，进而提升作品的整体氛围。

以上整理总结的一些规律，并非我们一时能够学会并做到的，但是可以提供给我们一个长期的努力方向。在进阶学习的过程中，要多通过模仿和思考来提升自己的能力。而本书给大家提供的技巧和思考方向主要是希望能带领大家走上一条相对容易的道路，剩下的还需各位根据自己的能力，继续努力。

3.2 如何把简单的动画做得更优秀

上一节提到"动态演绎""视听语言"等概念，均是影视和动画范畴内的概念。而 MG 的发展决定了我们不能以单纯视角来看待 MG，因此学习 MG 需要补充一些常运用的影视和动画理论知识。

3.2.1 影视与动画理论

影视和动画的表现手法主要是基于"视听语言"，而表达工具是摄像机镜头。它们的区别是影视中使用真正的摄像机，而动画中是使用摄像机的手法来控制画面的角色与场景运动。摄像机的移动手法以及构图方法构成了"视听语言"中的画面部分。

1. 镜头语言

镜头是影片最基本的单位，影片和动画均有镜头的概念，一个镜头包含故事情节的一部分内容，通过镜头之间的剪辑融合形成了最终的影片。无论是拍摄影视作品，还是制作动画作品，我们都需要走一个这样的流程：剧本—分镜头—拍摄。关于创作流程，在后面会进行详细介绍，这里只针对镜头语言的基础知识进行讲解。

◎ 景别

景别是摄像机距离拍摄对象远近距离不同所构成的不同画面，不同的景别能传达不同的感情，一般我们所见的景别有 5 种。

※ 大全景

大全景是远距离拍摄整个空间环境，人物很小，背景为主要的被拍摄对象。大全景常用于表现气势宏大的场面。

图 3-24 景别

※ 全景

主景能展现人物全貌和周围空间环境。与大全景最大的区别在于全景有明确的中心角色，用于交代人物与环境的关系以及对情节进行说明。

※ 中景

中景是使用最多的景别，人物角色一半以上进入到画面中的都可以叫中景。中景用以表达角色之间、角色与景物之间的关系。

※ 近景

拍摄人物胸部以上的景别，也可以是拍摄的物体局部。由于近景可以表现人物面部表情等细节，所以可以用来展示人物的心理活动及情绪变化等。

※ 特写

表现人物和其他物体细节特征的景别，能更好地表现出人物的细微表情变化和物体的局部细节等。

◎ 镜头的分类

镜头语言是对拍摄时所用方法和镜头的一种概括，按照镜头在影片中所发挥的作用主要分为 3 类：关系镜头、动作镜头和渲染镜头。

※ 关系镜头

可以把关系镜头理解为叙事性镜头，它包含各类景别，主要作用是交代时间、地点、事件和气氛等。此类镜头要多注意构图与对氛围的把控，因此不管是拍摄后期特效还是动画制作，关系镜头中的点、线、面元素，以及空间关系或光线与色彩的设计都需要特别注意。做好关系镜头，能够成功描绘影片的氛围与基调，同时也为后续搭配背景音乐的环节带来非常好的灵感与参考。

图 3-25 关系镜头

※ 动作镜头

动作镜头是一部影片中最主要的镜头类型，它主要用于表现角色的状态、对白、表情和动作等，同时它更加强调动作的过程，甚至包括各种细节。动作镜头使用中景、近景和特写较多，几乎承担了所有的影片情节推动的作用。动作镜头的设计需要配合角色动作来进行，因此需要综合考虑当前状态下的角色、环境与情节所传达的信息及所要表达的情感。

图 3-26 动作镜头

※ 渲染镜头

渲染镜头也叫空镜头，没有角色或者有少量人物的风景镜头。渲染镜头的使用与前两种不同，需根据影片的氛围与感情表达效果而定。渲染镜头相对抽象，主要承担的任务是对影片主题或者故事主要思想的暗示、强调、象征等。也有在某一段情节中，使用渲染镜头穿插到动作镜头中烘托氛围的情况。渲染镜头的占比会明显影响影片的风格，使影片更具感情效果。渲染镜头的设计要比关系镜头更加注重"绘画修饰"的感觉，根据情感表达的需要来加强光线与色彩的营造。

图 3-27 渲染镜头

◎ 镜头的角度

镜头角度对表达情感能起到非常显著的作用，不同的构图和景别搭配不同角度的镜头，能够成功地塑造出人物形象，正确地传达出情节发展的感情色彩。镜头按角度来分有 6 种类型：正面、侧面、背面、平视、俯视和仰视。

※ 正面

从角色正前方进行拍摄，这个角度能够表达角色的全貌，能很好地把人物角色呈现出来，通常在角色登场的时候使用。此类镜头要注意增强空间景深效果，以避免造成画面平淡等问题。

图 3-29 正面镜头

※ 侧面

从角色正侧方拍摄，这个角度能够交代角色的位置方向，用于描述去向和推动情节发展等。对于物体而言，如交通工具、动物等，侧面角度的拍摄能够强调出被拍摄对象的运动状态。除此之外，对人物角色使用侧面角度的非动作镜头，能够表达人物的内心活动与情感。

图 3-29 侧面镜头

※ 背面

从角色后方拍摄，这样对观众而言会容易形成主观视点，让观众也能参与到故事中。而背面角度对于角色的刻画，更多的是从动作和运动方式上来着手的，可以留给观众更多的思考时间。由于可用于表达"身临其境"的感觉，很多恐怖片会使用这个角度，配合声音效果，烘托出阴森、恐怖的氛围。

图 3-30 背面镜头

※ 平视

与角色在同一水平线的拍摄角度，同样也能够构成主观参与的效果。这个角度与观众日常生活中对人与物的观察类似，因此更具备客观的感情色彩，同时也可以表达出熟悉、亲切、平等的含义。我们在创作居家、生活等较为轻松的题材的时候，会经常用到平视角度。

图 3-31 平视镜头

※ 俯视

从角色的上方向下拍摄,相当于俯视。这个角度会表现出周围环境的空间关系和景物的视觉层次。拍摄俯视的人物可以塑造出渺小、茫然与无力的感觉,同时能表达出人物无助与压抑的感情。而俯视角度拍摄大量的人群或兵马,则能描绘出气势恢宏的场面。除此之外,微微俯拍人物也能够通过透视关系来勾勒人物秀丽的一面,可用于女性角色的拍摄。

图 3-32 俯视镜头

※ 仰视

从低于被拍摄角色的角度向上拍摄,相当于仰视。这个角度常用于拍摄空中景物,如飞机、鸟类等。同时由于视平线在画面外,所以更容易突出主体物,减少画面中的干扰因素。从情感色彩而言,拍摄人物时用仰视角度更容易突出人物的伟岸形象。拍摄建筑和树木等山峰等,则能够产生壮观和气势磅礴的效果。

图 3-33 仰视镜头

不同角度的镜头应用在不同的场景中,演绎出不同的感情色彩。从创作者的角度来讲,我们不应拘泥于拍摄角度的经验主义。对比在 MG 制作技术上所倡导的"以效果为导向"的思维,在创作影片时,构思镜头表现手法的关键是如何表达出情感,如何讲好故事,同样也是"以效果为导向"。

我们可以尝试观看不同的人使用同一种角度镜头演绎的作品,并结合影片所塑造的角色在故事情节中传达出来的情感,去感受这个过程所带来的不同体验,这也是提高审美水平的必要过程。总而言之,镜头角度的作用与镜头分类是一致的:叙述故事,容纳故事发展,渲染情感与内涵。

◎ 镜头运动

我们知道,动画和电影都是动态的艺术。不管使用什么样的景别、镜头类型、拍摄角度,若不让它运动起来,便不能称之为动态的艺术。因此镜头运动可以说是镜头语言的核心,也是电影区别于其他艺术形式的重要标志。镜头运动的方式有推、拉、摇、移、升降、旋转和晃动等。

※ 推镜头

推镜头,即摄像机向被拍摄物体的方向推进,可以采用变换镜头焦距的方式来完成。推镜头可以改变景别,能把主体物从环境中凸显出来。

※ 拉镜头

拉镜头是与推镜头相反的方式运动,拉镜头是常用的制造悬念的方法。例如,由近景或中景开场,通过拉镜头改变景别，将整个环境拉入画面中，完成交代角色所处环境的叙述。而这样的过程也让单纯的镜头变化有了更多的趣味性，更容易引起观众的注意和思考，进而期待情节的继续发展。

※ 摇镜头

摄像机在当前位置做上下运动或者左右旋转。摇镜头最容易让我们联想到的场景是环顾四周，这是一个主观视角。例如，角色来到一个新的环境中，采用摇镜头，切换近景再拉镜头至全景，完成一个主人公内心变化的过程。摇镜头的快慢和方向代表不同的场景和情感表达，如快速摇镜可以用来表达搜寻目标的过程。

※ 移动镜头

移动镜头是让摄像机与物体一起运动的拍摄方式。移动镜头同样也是一个主观镜头，如角色行进在某个街道，配合摇镜头来表达其主动探索的过程。有时候移动镜头也会被用于乘坐交通工具的场景，作为第三人称视角对拍摄对象进行跟随。

※ 升降镜头

升降镜头是指将摄像机绑定在升降装置上，使其进行上下移动的拍摄方式。升降镜头带来的最直观变化就是空间关系的剧烈改变，可用于远景交代大环境，用于近景表现个体对象的状态，或者作为主观镜头的方式观察，它是常用的交代人物和环境关系的镜头手法。

※ 旋转和晃动镜头

这两种镜头可以作为其他镜头运动的辅助方式，在某些情况下，抽象表达人物的心理活动或者在其他镜头运动中用于辅助增加角色的主观心理变化的过程。

※ 背景运动

之前提到的视差滚动就是一种背景运动，它可以反衬物体的运动。在动画制作中，人物一直处于舞台的固定位置，而背景在不断地切换变化，这样可以塑造出一种超出现实世界的时间流动感和趣味性。

变换镜头角度拍摄可以表达出不同的感情变化，推动故事情节的进展。在这一点上，运动拍摄体现得更为彻底。优秀的影片一定会有优秀的分镜头、流畅的空间和时间变化，这些都需要独到的镜头运动手法去支撑。上述的常用镜头运动方式只是对符合我们生活经验与实践的简单整理，属于入门知识。我们可以通过多观察优秀影视作品的镜头运动方式去感受和思考其中的奥妙，逐渐从这些高超的拍摄技巧中学习自己需要的知识。

2. 光线与色彩

光线是一切空间造型的前提条件，因为光线照射到物体再反射到我们的眼内，才有了透视、明暗、色彩斑斓与虚实变化。光线交代物体在空间中的前后关系，并且使我们能够判断出物体的形状、大小、表面材质及纹理等。而大的环境光线则能够改变整个视野范围内的观察结果，使整个空间都处于同一个级别的光照影响之下（例如，天气变化或者室内主灯光变化）。无论是摄影、绘画还是影视动画，都需要对光线有深入的研究，不同的光线下形成的影像能够很大程度上影响我们的主观判断和情绪变化,在影视动画创作中,光线就是氛围布局最为重要的元素。

正因为光线是空间造型的前提,所以光线也是呈现色彩的前提条件。色彩的三要素为色相、饱和度和明度,明度是光线对颜色变化的直观影响;颜色纯度是指颜色浓淡,是一个自然属性;而色相是对颜色种类的区分。研究色彩,更多的时候研究的是色相对人们心理变化的影响,用不同颜色来表达情绪和感情,在几乎所有设计领域中都有运用。

◎ 光线的强弱

光线的强弱决定了画面对比关系的强弱,在明度对比中所谈到的黑白关系,就是在光线强弱变化影响之下所形成的观察认识。强烈的光线能够形成非常清晰的物像轮廓,具备高对比度和明确的空间关系。例如,晴天时的景物和光线明亮的室内物体的视觉表现。而弱光线会使画面昏暗,并且会减弱物体的轮廓与结构关系,也不具备强烈的情感色彩。在此前提下,让强弱的光线分别作用于主体物和陪衬物体或者背景上,就能够很好地突出主体物,从而塑造出更具有魅力的角色形象。

◎ 光线的方向

光线强弱需要搭配光线方向来使用,因为光线的方向对情绪变化的影响非常直观,并且符合我们的观察经验。例如,在一天之中能够看到的太阳光线的直射和斜射分别是正午和早晨或者傍晚的光线方向。相比顶部直射光而言,斜角照射的光线能够让光影明暗层次更加分明,更容易塑造出画面的表现力,这也是很多摄影作品更倾向于拍摄早晨或者傍晚景物的原因。

光线的方向对情绪变化的影响是显而易见的。使用正面光来表达角色形象,通常形成的是正面的情绪;而使用逆光来表达角色形象,则会使主体角色的明度大大低于围绕在其周围的区域,从而形成一种神秘感或压迫感。

◎ 光线的性质

光线除了强弱和方向之外,还有被称为硬光和柔光的性质。我们可以从被照射物体的投影来判断,硬光能够形成清晰的阴影轮廓,而柔光形成的阴影轮廓是柔和而不具有明确边界的。在一定程度上,光线软硬能够体现出光线的强弱和方向,硬光通常更强更具方向性,柔光相对更弱,方向也不明确。

软硬作为光的一个综合属性,受到光线的强弱与方向变化的影响,它们共同构成了我们对光线的基本认知。在不同光线的作用下,我们所观察到的同一个物体往往会有不同的表现,从而影响主观判断与情绪表达。

◎ 如何布局光线

理解了 3 个关于光线的重要属性之后,我们知道画面是不同光线作用的结果。而对于影视作品而言,前人多年的积累也形成了一套系统的方法,教会我们如何去布局光线。通常根据不同方向和强度把光线分为主光、补光、轮廓光和特殊灯光等。

※ 主光

这是拍摄中最重要的光源之一，主光的方向决定了整个拍摄画面的基调。以拍摄对象为基准，主光在水平方向上通常分为正面、四分之三侧面、正侧面、四分之三背面和背面（逆光）。而垂直方向上，通常使用位置高于被拍摄对象的光源，能够形成更加直接的照射效果。若光源位置低于被拍摄对象，则角色会容易被渲染出恐怖电影中的画面形象。结合对光线方向的认知，我们不难判断，四分之三侧面的斜向主光是最为常用的光源位置。

※ 补光

主光源通常较为强烈，被拍摄对象会有明确的受光面和背光面，需要使用补光来减弱阴影区域，让画面整体明亮、柔和。补光通常使用的是柔光，需要根据主光的位置来进行布局。补光一般在 3 个方向上：正面，与主光相对的另一个侧面、较高位置。补光的强弱决定光影的强弱，从而影响整体基调。强度较高的补光可以与主光形成"高调"，表达愉快的情感。而强度较低的补光和主光形成"低调"，可以构建出阴郁、低沉的情感。

※ 轮廓光

轮廓光位于被摄物体边缘后侧，用于勾勒被摄对象的轮廓，与背景形成明显的区别，即产生景深的层次变化。轮廓光的色彩倾向较弱，根据需要来调节强弱关系，具体的使用可根据角色形象进行调整。

光影关系构成明度变化，在影视中称为影调。影调塑造出画面中的点、线、面关系，突出画面中的主次关系，增强透视与景深效果，能表达物体质感，并正确地表现出氛围关系。从画面的结果上来看，静态视觉设计中的明度变化，正是影调在同一个体系下的另一种呈现。

◎ 色彩

色彩三大属性中的饱和度与明度受光线强弱影响，而在一般的讨论中所提到的色彩更多的是指色相在影片中的影响和作用。颜色来源于我们对自然环境的认识，在对不同的生活场景下的经历所形成的经验。每个人对色彩的认识都有所不同，但整体而言，色彩对人类心理层面的影响具有统一性，对色彩的研究即是把这些统一性总结出来，呈现于影片中。而另一方面，由于影视领域多年来呈现给观众的过程，也形成了对于文化接受度的经验认知。所以，从这个角度来讲，它再次强化了色彩对人们心理的影响。

※ 暖色系：红色、橙色、黄色

色相，是人根据对自然的认知而形成的一种主观上的"冷暖"概念，夜晚的红色火焰在人的记忆中是温暖的，而冰雪反射天空的蓝色则是寒冷的。暖色调在群体认知中形成的感受是以温暖为主，因此将这些代表暖色系的主要颜色放到一起，但其中的每个颜色所表达出的情绪又略有不同。

红色：红色来源于火焰、成熟的果实或秋天的枫叶。红色表达温暖、热烈与生机，这是自然属性。红色是血液的颜色，人类历史中的战争代表着流血、悲伤，红色通常也具有警告的意味。而在不同国家和地区，红色又有不同的含义。例如，中国传统文化中，红色代表了吉祥，所以很多表达节日气氛的影片通常会使用红色。

图 3-34 暖色系

橙色：橙色来源于晚霞、成熟的果实或秋天的落叶。橙色表达光辉、成熟与丰收。橙色的人文属性受到较多自然属性的影响，相对来讲认知较为统一，代表了喜庆、富贵、热情等含义。使用橙色能够带来更多的正面意义上的情绪表达。

黄色：黄色来源于成熟的果实、花卉或秋天的落叶。相比橙色，黄色多了明快和轻松的感觉。而黄色与金色在中国传统文化中，被作为权贵的象征。

暖色系主要由这 3 种颜色构成。相对来说，它们之间存在共性，又有各自的属性。暖色调会给我们带来正面积极的情绪，能够表达出热情、欢乐等心理感受。不同比例的暖色搭配又有不同的含义，这需要根据具体角色对象所表达的情感来选择。

※ 冷色系：蓝色、青色

对冷色系的主观认知主要来源于大气反射、海洋、冰雪、夜空等，以及蓝色为主的色彩所代表的很多自然物质与景观。冷色系带给了我们对寒冷的认知，一般主要指以蓝色和青色为主的色相。

蓝色：蓝色来源于天空、海洋、冰雪和夜空。蓝色的自然属性带来的寒冷体验是深刻的。因此，以蓝色为主的色调可以用来表达消极情绪，如阴郁、绝望等。另外，自然界中也存在明快的蓝色，如清澈的海水与白色沙滩，也能给人带来自由、舒适的感受，因此蓝色也存在积极的一面。结合蓝色所代表的双重自然属性，形成了冷色系冷静、理智、追求自由的含义。

图 3-35 冷色系

青色：青色是介于蓝色和绿色之间的颜色，由于绿色代表中性色，而青色在绿色中又包含一些蓝色，整体倾向偏冷色系。青色在自然环境中的存在较少，通常介于蓝色与绿色之间的颜色都可以称为青色。青色在中国历史中被用在服饰、器皿上，代表着古朴、高贵。

冷色系的整体情感表达较为低沉，可以降低热情度，用于表达安静、沉寂和一些相对消极的情绪。但冷色系同样也可以表达一些积极的内容，如自由和公平。我们在一些影片中看到雨过天晴的情节，同样可以让人产生愉悦的情绪。

※ 中性色：绿色、紫色

暖色与冷色的认知来源于自然环境和各种自然现象对我们的视觉产生的刺激，而自然环境是丰富且复杂的，世界并不只有冷、暖两种色系，还有一些颜色是混合了冷、暖两个色相的颜色，被称为中性色。中性色混合的色相，同样来自于自然观察和生活经验，它主要由绿色和紫色构成。

绿色： 绿色来自于绝大部分的植物，因此绿色很容易和生存、希望等感情色彩联系起来。绿色也会给人带来安全、和平的感觉。在文化层面，我们对绿色的认知具有较高的共识。在影片中，绿色的表达会直接采用外景的形式，绿色的树木和草原能够给人带来非常舒适的视觉体验。

紫色： 紫色主要来自于花卉，紫罗兰、薰衣草等均是紫色的代表。紫色由红色和蓝色两个色相混合而成，紫色是象征高贵和优雅的色彩。

图 3-36 中性色

中性色的含义表达相对来说差异比较大，除了每个颜色的自然属性所形成的观察经验外，它也受到历史文化发展的影响。所以中性色相对冷暖色系来讲，具有独特的魅力，值得我们在不同的作品中去慢慢品味。

※ 黑色与白色

黑、白并不属于色相，提到黑和白，我们在前文有过详细的描述。将黑白色融入色彩关系中，能形成丰富的视觉效果，是画面中非常重要的构成部分。黑和白本身也能形成心理上的情绪影响，黑色比较"低调"，代表严肃、压抑，惊悚电影中会有大量的黑色调的表达。白色在表达纯洁、神圣的同时，也会用于表达悲伤、苍白等。所以从情绪表达上来说，单纯的黑和白都容易给人带来不舒适的情绪。

图 3-37 黑色与白色

3. 音乐、音效和声音

音乐、音效和声音是影片创作中极为重要的组成部分，它们作为视听语言的听觉部分而存在。音乐的主要作用是烘托气氛，表达画面中的感情。一些场景中的情绪可以通过音乐来传达，而非使用过多的镜头变化或角色表演。音效能够将影片中模拟现实的部分强化出来，让观众身处其中。除此之外，声音还能够扩展画面所无法达到的部分，为观众带来足够的想象空间。声音主要是指人的声音对台词的演绎，在 MG 作品中我们更多使用的是旁白或者独白形式的声音。

◎ 音乐

大部分有声的 MG 作品会使用纯音乐，比起影视作品中对音乐的要求，要简单一些。音乐的主要作用是抒发情感与渲染气氛，是 MG 视听语言中最重要的部分，不同的音乐节奏和旋律变化与动态演绎配合起来才能够达到想要的效果。

※ 音乐的类型

音乐类型有专业的分类，现阶段我们仅需要从基本形式和情绪感受方面来认识。影片中的配乐通常有偏向节奏或偏向旋律以及二者结合的，偏向节奏的音乐能够调动情绪的紧张感，形成听觉刺激，感情表达得兴奋而强烈；偏向旋律的音乐能够形成舒缓的韵律感，使人心理感受较为安静的同时，也给人带来了沉浸感，情感表达愉悦而舒适。除此之外，还有一些音乐处于旋律与节奏之间，这一类音乐会在节奏和旋律之间反复转换，能带来情绪的高低起伏，通常这类音乐更容易给人留下深刻的印象。

※ 音画同步

音乐类型影响着动态效果的演绎，为了对应不同的音乐类型，我们需要调整作品的动画节奏。对于节奏感强烈的音乐，图形运动需要跟随音乐的节奏变化，画面中的图形元素的状态变化和音乐节奏的前后关系需要同步。而对节奏感弱、旋律性强的音乐，在选用图形元素和运动方式的时候要舒缓而流畅，要与音乐的旋律起伏相匹配。

◎ 音效

音效是指影片中的环境里出现的各种声音，可分为自然环境音效、人为环境音效、人为动作音效和其他特殊音效等。音效的作用是加强环境的氛围，利用听觉感官来配合视觉感官以及增强人们视听的沉浸效果。自然音效主要用于模拟环境变化，如气候和位置变化等；而人造音效更多的是表达感情变化，如心跳等。总体而言，为了丰富影片中的听觉层次，准确表达所需要的环境效果与氛围渲染，就需要使用各类型的音效。根据不同的情况，音效还有更具体的分类。

※ 自然环境音效

自然音效一般会采用实录的方式去采集各类型的声音素材，混合编辑后作为影片使用的素材，常用的自然音效有风雨声、雷电声、鸟虫声、滴水声、海浪声等。在交代环境使用到关系镜头的时候，通常会搭配自然环境音效。

※ 人为环境音效

在有人参与的环境下发出的声音，如集市上嘈杂的声音、交通工具发出的噪声、工厂机械设备运转发出的声音等。人为环境音效同样起着表达当前所处环境的作用。

※ 人为动作音效

人为动作音效通常是与动作镜头配合使用，人物角色在情节中的动作都会产生音效，如走路、跑动、打斗或使用工具发出的声音等。正确配置动作音效可以把真实感体现出来，令人信服，同时也能吸引观众的注意力到动作上。

※ 特殊音效

人为合成的一些声音可以用于表达抽象情感或幻想情景等。还有一些超现实的作品，如科幻题材的，其中所存在的各类机械化场景均不是现实生活中存在的，因此所搭配的音效应是纯粹的创意产物。

◎ 声音

这里的声音指的是人声，人声主要是对台词的演绎，人声演绎台词在影片中的不同阶段具有不同的意义。在以叙事开场的关系镜头中，人声通常用于介绍故事背景、交代环境等。而在动作镜头中，台词即对故事情节的直接表达，通过台词来讲故事是最直观的方式。人与人之间的信息传递和感情变化，几乎都是依靠台词。而在渲染镜头中，要渲染情感与氛围，通常也有可能使用声音讲述台词。人声对台词的演绎，主要有旁白、对白和独白3种。

※ 旁白

旁白也叫画外音，声音发出者与故事没有直接关系，通俗的说就是局外人是如何看待这个故事的。所以旁白要客观、理智、不宜表达出主观感情。旁白最大的功能是叙事，能够低成本地进行时空转换，当无法使用镜头来表达简单的时间跨度时，通常会使用旁白来交代时空转换。

※ 对白

对白即对话。人物之间交流的语言和声音，是整个影片中最为重要的声音内容。在动作镜头中，它可以推动情节的发展，能起到传递信息、沟通与表达或交流讨论等作用。对白也能起到交代剧情发展的作用，与旁白直述有所不同，对白带有主观情绪，因为它出自人物角色，而人物角色在故事中是具备立场的。同时，带有立场的对白也塑造了人物的形象与性格。而对白最为精妙之处在于，一些对白使用了潜台词的方式，更追求语言背后所隐含的深层含义，可能是心理变化，也可能是感情流露，又或者是某些暗示。

※ 独白

独白也是由人物角色所发出的，与对白有所不同。独白主要用于表达内心活动，如祈祷等。而内心独白也是一种画外音，但是是由影片中的角色所演绎，因此更多的是起到表达内心思想和感情的作用。内心独白也会在关系镜头中出现，使用主观视角来介绍故事背景。这种情况下会省略旁白，而由角色的内心独白来介绍故事的背景，使观众更容易接受角色所演绎的情感和心理。

4. MG 中的影视知识

前面对 MG 涉及的影视知识进行了简单的介绍，实际上影视领域的专业知识还有很多并且很深，但对于制作 MG 而言，我们暂不需要了解地那么深。另外一方面，MG 作为独特的艺术形式，它有自身独特的演绎方法，它基于影视理论而又有所不同。在介绍完入门知识之后，下面将继续讲解关于这部分内容的具体运用。

◎ MG 中巧妙使用的长镜头

在前文提到的 UPS 的宣传案例，对于转场的控制，MG 有独特的一面。传统影片和动画作品中，可以用镜头剪辑、镜头运动等方式来改变场景，推动故事情节的发展。但这个问题在 MG 中被巧妙地化解了，由于角色元素的抽象化，因此它同样可以通过有创意的抽象化动态来转变自身形态。

在前文学习遮罩、嵌套合成的案例 "Day and Night" 时，也运用了这样的思路。通常在日夜转换的传统镜头中，会看到淡入、淡出和黑屏转场等方式，但 MG 的创意可以保持镜头不变，而去改变元素本身的属性和形态来完成时间的转变。当然这并非完全脱离传统剪辑的手法，一些幽默风趣的影片也会使用夸张的方式去快速转场，如扇形转场等。这些案例的灵感来源，并没有脱离已有的一些手段。

因此在 MG 制作中，镜头更多的时候会采用连贯的方式来表达创意，由于 MG 和传统影视动画最大的不同是没有受到现实思维的限制，因此可以做到这一步。在 MG 创作中可以轻易地把摄像机也作为一个动画元素来使用，我们看到的一些视频节目的片头，摄像机的视角不断地在各种图形元素中穿梭，最终来到了节目 LOGO 的位置，这就是 MG 巧妙运用了镜头运动，所达到的独有的长镜头效果。

◎ MG 中的光线与色彩

MG 在光线与色彩的应用方面，需要分别来看待。2D 的 MG 作品使用到的更多是平面构成和静态设计中的色彩理论，包括明度变化、色彩搭配等，更靠近情感氛围与抽象表达。在本章的第一个案例中，分析 MG 作品时也能看到关于色彩表达的方式。在纯粹平面且抽象的 MG 作品中，几乎没有涉及对光线的运用，而仅针对色彩的饱和度与色相进行调整。

3D 的 MG 作品增加了空间景深与材质的表达，因此更重视光线的渲染。在第 2 章的摄像机案例中，通过对界面元素进行空间的改变，并且添加了投影来模拟光线照射，让平面化的素材变得更立体化。虽然那并不是使用真正的 3D 模型来制作的动画，但它运用了 3D 光线对空间物体影响的原理来增强平面物体在进行空间运动时的真实度。

还有一些真正用 3D 模型来制作的动画，属于 3D 的 MG。这类型的 MG 会严格遵循 3D 动画技术来定义目标材质，进行光线设定，如反射强烈的光滑材质，或者是由光线漫反射而形成柔和投影的粗糙平面。不管

MG 本身的图形元素如何抽象，但是隐喻真实空间中的光影材质的认知会被严格执行。

关于光线和色彩，还有一类使用粒子特效表达发光物体的 MG，它所表达的含义更为抽象。而这类型的作品通常会综合运用光线和色彩来调整整个空间的环境变化。那些完全使用了虚拟的粒子光效的 MG 作品，有时候会嵌套在现实场景中，可以做到以假乱真的效果。

◎ MG 中的音乐、音效和声音

由于 MG 表达的故事情节通常都不够具体，所以与之匹配的音乐也不具备有针对性的故事情感，而仅有对表层感官刺激所引起的情绪变化。所以 MG 的配乐有独特的风格，但不宜应用到动画和电影中。针对这种独特的风格，一些 MG 作品会专门创作配乐。然而，对于独立设计师而言，这可能需要寻找合作伙伴来完成。因此在大部分情况下，独立设计师可能会选择无音乐的 MG，或者使用一些免费素材加入到作品中。所以音乐在MG 中并非必选项。

MG 会运用一些表达简单情节的音效，通常是人为的环境音效。但如果我们在 MG 制作时能合理地运用音效素材，就能让人眼前一亮。

声音在 MG 中多数是旁白或者独白，它仅作为情绪表达或者介绍，根据需要应用在不同的场景中。正因为与传统电影作品不同，MG 中的旁边或者独白并不会搭配对白来配合。当然，这种情况在如今一些新的作品中会有所变化，如使用 MG 手法来演绎传统动画情节时，会安排具体的角色讲故事，这样就会存在对白了。

5. 小结

学会观察优秀的 MG 作品，并且能够得出正确的分析判断，需要一些知识的积累，这些知识来自于影视、动画和其他领域。本小节对相关知识和概念进行了简单的介绍，是 MG 学习过程中非常重要的学习内容，对很多专业概念若展开深入研究，会派生出更多的知识，即便在进阶学习的阶段，也并不推荐大家都去掌握。比起深度，更重要的是要找到适合自己的方向来继续努力，这样会更容易取得成功。

3.2.2 动画规律

MG 中所包含的影视知识，更多时候可被用于对 MG 作品的分析，也会被运用于创作中。但只有这个程度的了解并不全面，对于 MG 本身而言，它是一种特殊的动画形式，所以在实践中，我们还需要对动画的运动规律有所了解。

1. 动画的概念与原理

动画是连续播放的静态画面，让人眼认为是真实运动的艺术作品。由于人眼观察物象需要由光线反射进入视网膜，并由视觉神经传导至大脑做出反馈而完成"看见"的过程。光线在视网膜上会短暂停留，而神经传导与反馈的过程也需要时间，这便造成了视觉暂留的现象。正是基于这个原理，人们发明了动画这种艺术形式。人类视觉暂留的时间大约是二十四分之一秒，据此将影片的帧率设置为 25 帧 / 秒。但是除了 25 帧，还有 30 帧或 60 帧等高帧率。

◎ 电影、动画和计算机图像的"流畅度"

电影、动画和计算机图像的成像原理并不相同，因此在流畅度的定义上也有不同。由于人眼存在视觉暂留现象，所以我们在观察运动物体或自身在运动过程中观察周围物体时，会因为连续的视觉暂留而在视觉上形成物象拉伸并模糊的现象。在图像领域有专门的模拟技术，叫作"动态模糊"。

电影使用摄像机拍摄，而摄像机的成像原理与人眼类似，曝光时间就是在模拟视觉暂留现象，所以我们才能从单一的静态帧里看到物体因运动而产生的模糊效果。因此，摄像机成像符合人类视觉暂留的规律，每秒达到 24 帧即可满足对流畅度的要求。

在动画领域，如 3D 动画，其原理是通过连续渲染静态帧播放来实现运动，但每一个静态帧都是静态效果，而非对运动效果的表达。这与人眼和摄像机捕捉动态的原理有所不同，静态图像没有包含对这种运动效果的模拟。在低帧率下，图像的运动轨迹丢失，存在断片和卡顿的视觉感受。需要提高帧率来填补这种丢失的感觉，所以当我们看到 60 帧 / 秒的 3D 动画时，会觉得极为流畅，甚至有超越现实生活的体验。

但这种情况并不能应付所有的运动类型，当速度超过帧率最大的流畅接受度，便会继续出现不流畅的感觉。在一些 FPS 游戏中，若帧率低于 60 帧 / 秒，会很容易出现卡顿和不流畅的情况。针对这个问题，动画图像领域引入了动态模糊技术来模拟连续的视觉暂留，这样就能够改善这个问题了。

◎ 运动现象的本质

无论是现实环境中的运动，还是动画中所模拟的运动，其本质都是状态的变化。在使用任何一个尺度和标准去衡量状态时，状态发生变化就是一种运动，如距离、大小、方向等。通过对运动进行记录，便能够在单位时间内将其动画化（用动画的思路来处理运动状态的变化）。

自然界中所有的运动都是无法被完全复制的，但可以针对不同的运动进行分类，找到规律性。例如，树木在风中摇曳，昆虫的翅膀扇动，人和动物的跑动，水波的扩散以及云雾的变换等。在动画制作领域，需要对这些运动规律化理解，并用简单的方式呈现出来。

2. 从物体运动中总结动画规律

自然界中的物体运动并不存在完全一致的情况，可以说每一种运动都是独一无二的，但通过对自然运动进行分类，我们可以整理出初步的规律性特征。在此之后，针对这些运动本身的特征来寻找可以复用的规律，从而服务于动画制作。

◎ 运动状态中的关键点

运动状态需要注意的 3 个问题，即运动中的时间、空间和速度与节奏。这 3 个内容构成了运动状态改变的三要素。

※ 时间

任何运动都需要以时间来衡量，状态变化所经历的时间就是动画中的时间概念。不同运动的时间长短是通过不断观察总结而来的，运动时间的长短影响了动画的整体节奏变化，是一个非常重要的部分。对于动画时间的把握，可以从对现实生活的观察得来，也可以对一些运动对象进行实际拍摄，通过反复观看完整运动所经历的时间来强化记忆。

※ 空间

空间是状态变化本身的体现。物体存在于空间中，也在空间中变化自身状态。因此，运动中所说的空间就是状态变化在空间中的表达。例如，表现位置变化的运动，在空间中连接运动开始与结束两个状态的就是运动轨迹，这就是运动中的空间概念的体现。运动轨迹的不同，区分了不同的运动类型。除此之外，一些特有的运动状态在空间中的表达，也是区分运动类型和总结动画规律的方法。例如，花朵和烟火绽放都有发散式的运动，这便是此类型运动的规律。

※ 速度与节奏

速度的不同会带来运动节奏的变化，同时也可以用来区分不同的物体、材质、运动类型等。这里的速度节奏并不需要限定是哪一种速度变化，它只需要去从速度影响了动画节奏的现象出发，作为动画规律中的关键点来理解。速度和节奏通常还会暗示一些力学方面的现象，如惯性和弹性等，不同的情况下表现出来的运动节奏各有不同。

以上 3 个关键点，前两个在动画软件中构成关键帧的概念。通过关键帧来记录所有的动态变化信息，而速度与节奏可以模拟自然和人为环境下的各类型物体的运动特征。在观察和总结所看到的运动规律时，均可使用这 3 个要素。当然，在大部分情况下，使用已被总结出来的动画类型即可满足创作需要。

※ 韵律与美感

这是一个可以带动主观情感变化的特征。韵律与美感综合了时间、空间和节奏而形成独特的视觉感官。总结出运动变化的几个关键点之后，将其升华才能达到韵律与美感的高度。例如，芭蕾舞演员的舞蹈姿态，其中涉及转体、跳跃、伸展等运动，学会感受其中的韵律美感，并且根据运动变化的关键点来总结其中的特征，才能够准确地重现这样的运动。

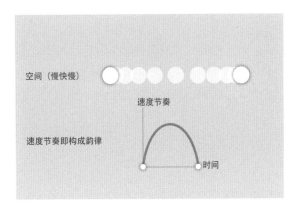

图 3-38 运动状态关键点

◎ 常见的动画类型

基于动画规律所包含的关键点，前人已将各类常见动画总结并完善，我们可以学习并加以运用。在常见的动画类型中，包含了不同的动画规律，这些类型的动画套用在不同的角色、物体上，即可表达出所需要的效果。

※ 曲线运动

如图 3-39 所示，物体运动轨迹为曲线的运动，即为曲线运动。曲线运动是因为物体所受的外力和它的运动方向不在同一直线上。常见的抛物线运动和匀速圆周运动都是曲线运动的代表。进行曲线运动的制作，主要是在运动空间（运动轨迹）上做调整，并且需要根据实际情况来调整速度和运动节奏。

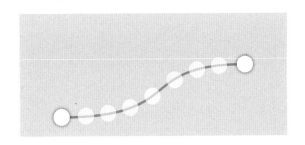

图 3-39 曲线运动

※ 惯性运动

惯性理论是指物体抵抗自身运动状态被改变的性质。通常物体质量越大，越难以被改变运动状态。惯性运动是体现出物体惯性的运动，如急刹车的时候车内乘客受到惯性影响而前倾，或者我们用力将物体抛出，物体脱手后持续向前飞行，均是惯性运动的体现。制作动画以表达惯性运动的规律，可以通过调整动画曲线改变运动节奏的方式来实现。图 3-40 所示为惯性运动的曲线，实际制作中要根据所模拟的物体质量进行灵活调整。

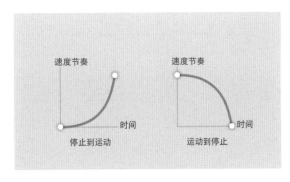

图 3-40 惯性运动

※ 自由落体运动

如图 3-41 所示，自由落体运动是物体仅受到地球引力影响而呈现均匀加速度的运动。在模拟这种动画的时候，不需要非常准确地呈现出重力加速度，只需要通过调整运动节奏的方式让物体稳定加速即可。

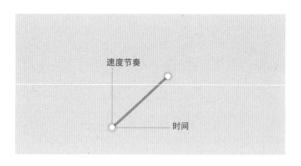

图 3-41 自由落体运动

※ 弹性运动

如图 3-42 所示，弹性是指物体受到外力而发生形变，而外力解除时又能够恢复其原本形状的性质，弹性运动就是能体现出物体弹性的运动。当具备高弹性的物体发生自由落体运动，接触到地面后发生形变，因自身所具备的弹性而再次跃起，而后受到重力影响继续下落，接触地面继续发生形变，再次回弹，直到弹性释放完毕，AE 中的弹性表达式就是在模拟这个运动过程。在处理弹性运动的时候，需要遵循在第一次运动状态结束后继续对运动状态做循环，但改变的幅度会递减的规律。由于存在运动表达式的快捷手段，因此对弹性运动仅作了解即可。

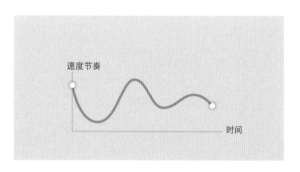

图 3-42 弹性运动

※ 流体运动

流体指没有固定形状的物体，典型的流体包括气体和液体。流体之间的属性有所不同，如气体和液体的区别是气体的体积不受到限制，而液体有一定的体积且又存在是否具有黏性等属性。流体运动基于流体力学，有复杂的力学原理作支撑，这里不建议大家深究。我们只需要记住，在制作流体运动效果的时候，需要借助一些特殊工具来完成，如使用插件或表达式等。

◎ 如何掌握动画规律

我们看到的一些运动规律，有一部分是自己在日常生活经验中获取的，如自由落体等；而有一些则是自己不太熟悉或者没有认真思考过的。掌握这些动画规律并将它们应用于作品中，这里提供一些可行的方法来帮助大家去认知和转化这些动画规律。

※ 第一步，观察并拆分运动

我们观察到的日常生活中各种有意思的运动现象，它们是在多种力的综合作用下的结果。为了理解这种运动，需要使用拆分的思路。例如，对于奔跑动画，我们需要拆分人体的跳起和落下以及腿部运动交换蹬地来加速这两个部分。因此，在制作奔跑动画的时候，需要将人体按照时间循环来定义处于最高点和地面最低点的两个关键帧，而腿部运动的关节需要配合人体的上和下时的两个时间点来处理腿部接触地面和蹬地后腾空的部分。

图 3-43 所示为一个简单的分解方式，而我们观察的各种自然现象、物体或者机械的运动，均是由各种基本的动画类型组合之后的结果。要学会分析物体是如何运动起来，如果一开始我们并没有足够好的思路去完成拆分，也可以先去看别人是如何制作类似的运动效果的。

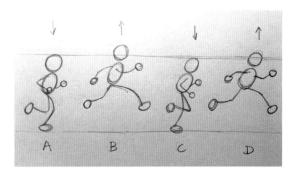

图 3-43 观察并拆分运动

※ 第二步，把运动重现出来

日常生活中除了观察与分析之外，还需要养成记录动画的习惯，可以采用动画速写的方式去记录运动变化。如图 3-44 所示，把具体的运动对象简化为几何形体，如圆形、方形等，将主要精力放在如何形成运动轨迹和运动节奏上。这样从观察到表达的训练方法可以帮助我们快速地理解一些运动规律，而并不一定需要去完整地制作成动画作品。定期做这样的训练可以在脑海中形成对物体运动的记忆，这种记忆能够服务于实际创作中对运动节奏的微调。简而言之，它就是一种手感的形成。

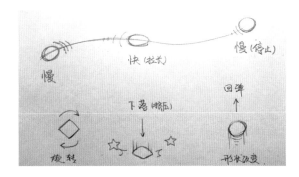

图 3-44 重现运动

※ 第三步，把动画重现出来

重现运动过程，可以熟悉物体的运动方式与运动节奏。那么，到了这个时候，我们需要具备一定的绘画能力。不用绘制得很深入，只需要画出草稿，能够基本表达出物体的特征即可，需要大家去阅读一些动画基础类的图书。本书受限于篇幅，无法给大家分享更多的绘画技巧，若将来有机会，我会不惜笔墨地来告诉大家如何绘制好角色。

如图 3-45 所示，把运动对象的具体细节，尤其是参与主要运动的部分表达出来，并且要注意对运动过程中的起始、结束以及过程中最具魅力的姿态表现。长期进行这样的训练，可以大幅提高你对动画的理解，从而更好地服务于创作。

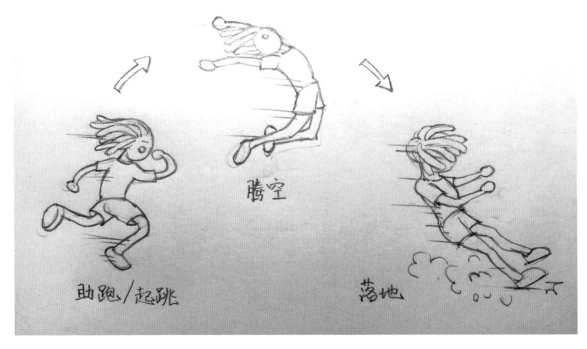

腾空

助跑/起跳

落地

图 3-45 重球动画

3. 小 结

本节知识点较多，并且很复杂，大家可以一边学习一边反复阅读，去体会这些知识点在不同案例中的具体应用。其中提到的方法和手段，并不一定在每次的创作中都会被使用。或者在案例中，不一定完全符合某些需求，因为创意本身就需要有打破常规的情况。

这一节所讲的内容，有基于影视理论的镜头运动，有构成空间关系的光线和色彩，有将视觉体验进行升华的声音与音乐，当然还有关于运动规律和动画规律的学习方法。每一个优秀的 MG 作品，都是基于这些知识，并且融合了大量创意的结果。至此，在进阶学习阶段所需要具备的相关理论知识已经讲解完了，但要真正完成进阶，还需要结合更多的实践。下一节我会给大家讲解一下 MG 的创作流程，结合本节所讲到的知识点，继续讲述关于 MG 的进阶创作。

3.3 MG 的创作流程

一切准备就绪，开始进入 MG 创作最重要的部分：进行一次完整的创作。MG 的创作流程其实可以参考动画片的制作流程，只是其中一些细节有所区别。创作 MG 时有些步骤可以简化，但一些步骤可能会花费更多的时间。本节将带大家完整地学习一次 MG 的创作流程。

创作一个 MG 作品的念头可能就是来源于某个突然出现的灵感，灵感经过思考延续而没有消失，并且越来越具体。将灵感记录下来，然后开始收集其他支撑灵感的素材，逐步形成基本的动画思路。在此之后，再按照一定的流程来制作，最终完成动画。创作作品与单纯地操作软件以及临摹作品不同，需要主动地从零开始实现自己想要的效果。虽然过程中可以借鉴其他作品的表现手法，但总体的动画效果和表现力则需要自己去领悟，这种领悟能力会运用到前面所介绍的各种各样的知识与技巧。完成一个优秀的 MG 作品，无论大小，都有不易之处，所以我们要尊重优秀的创意，拒绝抄袭。

1. 获取创意与灵感

创意的来源可能并不一定是特点的，有时候可能是从某个现象或者对已知的表达手法进行组合而诞生的，这个过程中每个人都有所不同。无论是哪一种，在创作前期我们都需要广泛地去浏览各类作品来激发和强化自己的创作灵感。这些作品中精妙的表达方式和制作手法，都会给你更多的启发，有一些能帮你细化创意，还有一些会帮你修正一些不够成熟的想法。

在这个过程中，我们可能遇到的问题是如何区分雷同的创意，或者是在参考过程中进行的模仿和借鉴与我们所反对的抄袭存在怎样的不同。关于这些问题，我想可以从以下两个方面去判断。

◎ 从出发点来判断

何为出发点，即创作这个作品时是基于怎样的想法。正面的出发点，会产生模仿、借鉴等形式。基于正面出发点的作品，可以看出作者有自己核心的内容架构和要表达的思想，在作品中是独一无二的。而基于自己对一种优秀创意所表达出的欣赏，甚至是崇拜，有限度地将这种创意表达方式运用到自己的作品中，而不是全盘抄袭过来，甚至每一个镜头的细节都如同复制一般。正面意义的出发点，能够帮助我们提高学习效率，并更快地领会一些优秀的创意表达方法。

如果是负面的出发点，其作品会被贴上山寨、抄袭、盗用等标准。通常能让人产生这种想法的作品，很难有其独立的想法与内容。也许你并不想抄袭作品，但若在构思作品过程中，缺乏主题内容和思想，甚至连角色和舞台元素都无法脱离模仿，那么你的作品就不能被算作是创作。当我们体验过一次完整的创作，便会更加珍惜灵感的来之不易，创作过程十分辛苦，并非易事。在进行创作之前，请多多磨炼自己的各项能力。

◎ 从传播效果来判断

有时在观看作品的过程中，并不能准确断定作者的出发点，毕竟这是一个主观看法，那么我们也可以结合作品的传播效果去进行判断。当我们作为观众来看待作品的时候，相对于作者的视角，会更整体也更客观。

通常优秀的作品会采用借鉴的方式，但作品的特点和优点并不会被掩盖，而这些特点和优点也会得到观者的共鸣。而反观一部分抄袭作品，作品的核心思想不够好，作品特色被其引用抄袭的作品所掩盖，甚至出现对他人的作品错误借用、漏洞百出的情况。

结合上述两种方法来判断自己的作品，对创意参考的部分是否处于可接受的范围，这是创作前期就需要考虑的。正视学习过程中遇到的问题，并且保持走在正确的道路上，是学习中需要坚持的原则。

扫描二维码

查看案例最终效果

2. 确定主题与核心创意

在经历了前期的思考和基本的创意表达构思之后，可以确定自己想要表达的主题内容了。基于我想要表达的"感谢MG"的这个心情，我打算把本书的第一个案例"MGman"的形象延伸开，它带领读者朋友们进入到了MG的世界，而此刻由它来带我们回顾这段学习的历程，在我看来是再合适不过的。通过几个由简单到复杂的案例，你可能逐步掌握了MG相关的软件操作和制作技巧，在这个表达感谢的作品中，可以将之前制作过的内容结合起来，让这趟学习之旅更加完整。

在构思过主题内容后，便需要开始考虑如何表现这些内容，也就是确定核心创意。在意图和灵感收集的过程中，我看到了一些运用社交平台来表达创意的作品，这给我带来了灵感。移动互联网是时下的热门主题，与和MGman"对话"的平台就可以是手机。通过移动互联网，MGman给我们带来了MG制作的乐趣，最终把这种乐趣传递到了我们手中，从虚拟的世界来到了现实世界，同时也表达出希望把知识传递给大众的愿望。

3. 绘制草图与分镜头

开始制作动画前，还有很多工作要完成，首先就是要绘制草图和构思分镜头。简单来讲，确定了创意和主题后，你应对自己要完成的创作有一个框架性的概念，即作品可以分成几个部分，每一部分的舞台元素有什么内容以及是如何运动的。所以我们需要通过草图的方式把整个作品简单地演绎一遍，这样做除了可以对创作和设计继续进行调整，同时也能为后续的制作提供重要的信息。

分镜头源于影视和动画行业，主要目的是将剧本和情节发展的思路以图文的方式罗列出来，分镜头一般包括景别、镜头运动、色彩、对白和配音等。构思分镜头的主要意义是将具体的影片剧本和舞台内容具体化，定稿的分镜头脚本将会是拍摄过程中的执行参考。

在 MG 作品中，需要对传统的分镜头做一些改动以适应 MG 这种创作形式。首先是 MG 的转场区别于传统的影视动画，镜头切换的情况较少，所以单一镜头实质上已经是一个很长的镜头，这已不再适合呈现动画的内容。因此，这里调整为以运动对象的变化过程为划分标准，使用草图来表现舞台元素、运动过程变化和切换过程等基本内容。

◎ 手机入场

在前面的构思过程中，我希望使用手机来呈现 MGman 这个形象所传达的信息，所以第一部分是手机的出场。让简单的图形逐渐变为手机屏幕，然后开始呈现内容，即一个对话列表的页面，如图 3-46 所示。

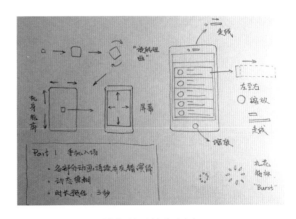

图 3-46 分镜头（1）

◎ 对话列表

手机放大后，单击对话列表的最后一个页面，头像变大，之后会出现 MGman 的形象，脸部表情浮现，开始发送消息，随后完整出现对话列表，手机和消息列表的界面退场并正式转换到对话场景。这个过程主要是由 MGman 和一个虚拟的聊天对象进行对话，如图 3-47 所示。

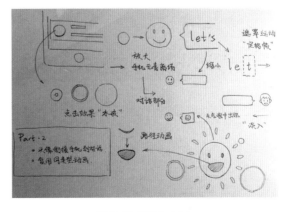

图 3-47 分镜头（2）

对话的过程中出现文字，并伴随动态表情的变化，最终由 MGman 发送曾经制作过的 MG 视频给聊天对象，同过单击这个视频，完成第二部分的转场。

对话中出现的文字

MGman：let's paly MG for fun.

虚拟聊天对象：OK!

MGman：(smell face)

虚拟聊天对象：Wow ~ Cool!!

MGman：I have a gift for you.

MGman：(video)

◎ MG 连续

接着播放曾经制作过的案例《Day and Night》，在最后的部分将云朵转换为 3 个圆点，通过移动和扩散转为案例《闪光水母》的 3 个水母个体，随着水母的游动，带起了浮尘粒子。

如图 3-48 所示，水母移动后，浮尘转场变为白屏，融入 MG 的走线动画，缩小后装入信封并发送出去。这是对案例《欢迎开始学习 MG》的素材源文件进行延伸后的效果。

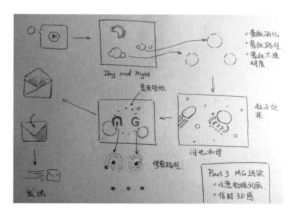

图 3-48 分镜头（3）

◎ 感谢 MG

信封发送后被接住，如图 3-49 所示。此人就是和 MGman 聊天的虚拟对象，他接住了 MGman 的信封，镜头拉向他的笑脸并作为转场，之后淡入 MG，完整显示 "Motion Graphics"，下方继续淡入 "Thanks for your reading" 文字。最后增加走线特效，全片结束。

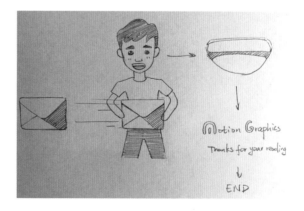

图 3-49 分镜头（4）

4. 角色设计与原画

传统动画创作流程中的角色设计会在剧本和故事定稿之后才开始创作，在角色设计定稿后再进行原画的绘制。角色设计的重点在于根据故事背景和角色性格、身份等设定要求设计出与之匹配的形象，让故事中的角色演绎更加出彩。

原画设计的概念最早来自动画领域，从狭义概念上来讲，特指日本动画，因为这个词汇是从日文翻译来的。原画是续接分镜头流程之后的一个重要部分，根据分镜头所表达的角色动作要求，由原画师将角色运动过程中最重要的部分（一张或者几张）绘制出来，用我们现在的技术语言来理解，原画就是"关键帧"的概念，原画的质量会影响动画的整体质量。

在 MG 设计中，角色设计和原画类似于我们在前文讲到的"静态设计"。在讲入门案例的时候，我给大家直接提供了制作好的素材，素材经过一定程度的调整后，可用于调整关键帧动画，如图 3-50 和图 3-51 所示。

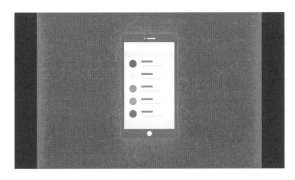

图 3-50 角色设计与原画——手机

图 3-51 角色设计与原画——动态表情

在本次的案例创作中，我们需要制作的"静态设计"主要包括手机、MGman 表情和虚拟聊天对象的角色。其中手机和 MGman 表情因为属于比较简单的造型，因此没有单独绘制，只是绘制了虚拟聊天对象的角色，使用的软件是 AI，如图 3-52 所示。

图 3-52 角色设计与原画——虚拟聊天对象

5. 动画制作

动画制作就是在静态素材和分镜头草稿的基础上，将动画效果制作出来的实践活动。很多初学者学习 MG 制作，只看重动画制作的部分，往往忽视了前面的几个非常重要的步骤。长此以往，学习者会陷入创作能力低下，只能临摹别人的作品的状态中。如果你认真对待 MG 的创作，并且学习到了动画制作的这个步骤，多半是基于自己的能力积累。

动画制作过程中需要考虑的主要问题就是拿捏实际效果和制作成本之间的关系。简单来讲，要完成一个预想的效果，可以用不止一种方案完成，根据制作经验来判断，选择最高效的方法来制作才是最重要的。结合上一次临摹案例的情况，这里为大家总结了一些制作过程中的建议和方法。

◎ 单图层的容纳度

在 AE 中，最常用的便是形状图层。形状图层的功能非常完善，在一个形状图层中，你可以任意添加各种不同的组件，并且能分组隔离互不影响，样式不同，动画也会相互独立。能够在单图层中容纳足够多的元素和动画是节省空间的高效做法。

但这并非是最完美的方案。在有的情况下，不得不分出很多图层来进行处理。例如，需要使用关联器或者在区分图层特效开关的情况下（如动态模糊），就需要单独分层或是对同一个图层进行拆分来区隔开一些效果。这种做法在这次案例制作中应用较多，大家注意去细致观察。

◎ 衔接动画的技巧

衔接动画是一个让人比较头痛的问题，因为它关乎设计过程里的方案选择。但如果衔接动画处理得好，MG 的流畅度和视觉体验便会大大提升。常用的衔接动画的方法是覆盖衔接物体，尽可能让头尾统一，减少生硬的镜头和画面切换。使用不同的切换方法其实也是创意的一种方式，需要我们去不断思考和尝试。后文的案例制作中会有对这部分的讲解。

◎ 确定制作方案

学习了一些新的制作方案后，就可以用于制作复杂的视觉效果，或者是来应对一些特殊的动画需求。但在处理一些简单的视觉效果时，依然可以使用一些传统的方法。例如，在案例最后一幕，虚拟聊天对象接到了 MGman 发送的信封礼物，它只需要运动手部并且有一个前后变化，采用路径动画和遮罩即可实现。在这种情况下，我们便不再考虑使用 3D 和骨骼绑定等方式来制作。

◎ 工程文件和制作提示

附赠资源中为大家提供了本案例的工程文件和素材文件，大家可以下载后来作为参考。接下来把制作过程中可能会遇到的问题进行单独讲解。

※ 手机部分

手机的入场，给旋转部分添加了"扭转"效果，位于形状图层展开后"内容"右侧的"添加"选项里。手机的退场是将一部分入场动画复制并拆分出来，使用了"时间反向图层"，并将屏幕部分做了放大，如图 3-53 所示。

图 3-53 动画制作——手机部分

※ 对话部分

对话的开始部分使用了头像做衔接，因此"对话 1"中的第一句话是和手机退场部分的最后一个列表头像重叠的。镜头缩放效果使用的是"关联器"和图层缩放，并未使用摄像机。

如图 3-54 所示，文字推进效果使用了轨道遮罩来移动位置，将关键帧转化为成了"定格关键帧"。动态表情运用了路径动画来制作，其余的一些特效运用的是上一个临摹案例中所讲到的知识。

图 3-54 动画制作——文字遮罩

※ MG 连续

播放《Day and Night》之后，我把夜云图层单独拿出来做了个转场预合成，对蒙版进行了"羽化"和"扩展"，并降低了图层的不透明度，以呈现出飘散的效果。这里需要配合运动曲线来制作，因此需要注意对节奏感的把握，具体参数可参考图 3-55 来进行调整。

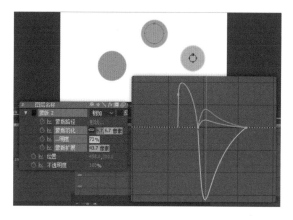

图 3-55 动画制作——夜云转场

转场后续接"闪光水母"，这里运用了插件"Particular"。这个插件是 Trapcode 系列插件的其中一个，下载完整安装包即可全套安装，比较简单。而本次案例用到的是 Particular 粒子效果，设置也很简单，并不复杂。

新建一个纯色图层，并对其应用"Particular"效果，这时效果面板看起来非常复杂，单击"Effect Builder"按钮会出现一个可视化的快捷设置窗口，通过调整各个选项来定义粒子类型，完成后单击"Apply"按钮，如图 3-56 所示。

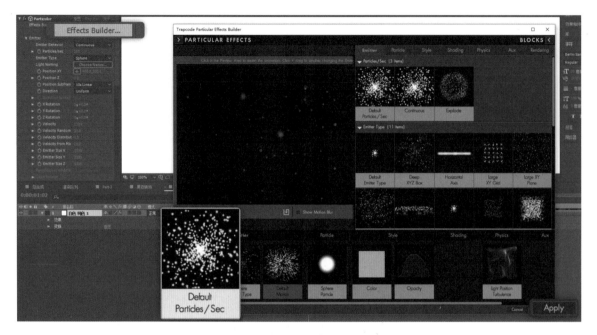

图 3-56 动画制作——Particular 粒子

工程文件中保留了粒子插件的各个选项，大家可以参考着进行调整，也可以去主动调试不一样的效果。粒子效果是随机演绎的，各项细节的参数设置不同，会产生不同的视觉感受。而在转场部分，我对效果中的"Particle"属性组的"Size"做了关键帧动画，通过放大粒子的尺寸来堆叠出变亮的过程，如图 3-57 所示。

图 3-57 动画制作——粒子转场

※ 发送 MG 信封

上一幕转场完毕后，会出现一个 MG 的走线动画并装入信封发送出去。MG 的动画非常基础，此处不再展开讲解。信封的动画效果参考了 Google 的 Inbox 的启动动画。而信封的创建使用了形状图层，投影效果使用的是"梯度渐变"和"投影"，这些效果都可以在预设中搜索到。变色的翻盖效果运用了"轨道遮罩"和3D图层属性的"Y轴旋转"，翻盖过程中的投影变化是一个路径运动，如图 3-58 所示。

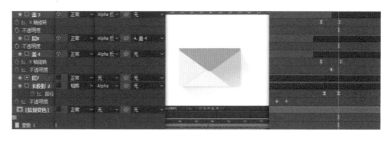

图 3-58 动画制作——信封变色

这里做的一些动画效果是对已有知识的灵活运用，大家可以用这个训练的机会，仔细研究一下源文件。

如图 3-59 所示，这个 MG 作品的最后一幕也相对比较简单，不需要用复杂的制作方法，运用的也是上次案例中所讲到的一些知识。

图 3-59 动画制作——结束文案

6. 优化与调整

动画制作完成之后，需要反复预览整体效果，找到瑕疵并进行优化，在优化调整后可能会改变图层结构，甚至是改变一部分效果。具体的制作情况每个人各有不同，这里提供几个在优化调整中会经常遇到的问题及相应的解决方法。

◎ 动画速度调整

如果是作品整体速度的快慢问题，可以通过对内容进行"预合成"，并执行"图层 > 时间 > 时间伸缩"菜单命令来解决。如果是细节问题，则需要耐心地展开对应关键帧来调整。调整后需要继续对前后衔接的内容进行微调，这个过程会比较花费时间。

◎ 动画衔接调整

在制作动画效果过程中，会涉及前后衔接的问题，一旦安排和考虑不周，就会在调整其他内容的时候打乱衔接的节奏，出现穿帮的情况。这时需要根据实际情况灵活调整，一般会把衔接内容单独提出来，再去配合前后内容进行调整。

如果对衔接的方式不满意，要更换制作方案，需要回到分镜头的流程里重新设计，可以参考其他 MG 作品在同类情况下的处理方法来调整。

◎ 合理运用曲线、表达式和插件

每一幕的动画都有一些重点内容，并不是每一个属性动画都需要对运动曲线进行调整，或者必须添加表达式。在本案例中，运动曲线只在一部分关键的运动内容中有所使用，表达式控制用到了插件 Mograph Motion v2.0 的弹性效果"EXCITE"。当运动画面比较复杂并且视觉层次混乱的时候，就需要考虑是否增加了很多不必要的"运动细节"造成的。适当取舍一些不必要的细节，能够更加凸显舞台主体物的存在感，并把观者的注意力集中到最关键的信息上。

◎ 舍去一些不成熟的想法

在制作的后期，一些预想的制作方案在完成后会出现一些并非自己所想要的效果，或者与其他内容搭配不佳。这时候为了整体效果我们需要做出调整，甚至对一些内容整体舍弃后重新设计。

7. 小结

现在你已经具备了一些必要的基础能力，并通过一些进阶训练能够完成简单的 MG 作品创作，这是一个阶段性的成果，恭喜你坚持到这里。学习的过程就是遇到问题和解决问题的过程，可以对一些在前面学习中觉得比较难的案例进行反复训练，不要盲目追求一次训练就能达到满意的效果。下一章会继续讲解一些实践案例，在这里针对本章所讲的知识进行一些要点汇总。

本章的内容是对前一章入门知识的巩固：在第 2 章，完整地讲解了 AE 的入门知识，介绍了软件的使用方法和技巧。在本章开始，很多内容没有重复介绍，甚至省去了视频讲解。学习本章案例感觉到吃力的读者朋友，需要回到第 2 章继续学习。

创作案例综合运用了本章的知识：本章花了一些篇幅在理论知识的讲解上，可能读者朋友们读起来会觉得比较乏味。这些内容不必一次性读完，可以过一段时间再来读一段，但在最终的案例创作中，也在一定程度上运用了这些知识，通过本章的学习，得到的是从技巧到思维上的进阶。

运用知识需要灵活处理：随着对软件学习的深入，我们接触的知识点和技巧越来越具有难度和综合性，容易忽视一些简单的知识点。这并不可取，在很多时候我们依然会使用最简单的知识点，因为使用复杂的功能处理一个很简单的需求"小题大做"，是不高效的。因此运用任何一种技巧，都需要基于实际需要来选择。

没有耐心是无法完成 MG 的：区别于静态设计，动态制作在很多时候要复杂得多，并且在层次的堆叠关系上，需要我们动态处理不同时间节点的运动关系，以持续达到视觉的流畅性和精彩度。从用 AE 制作 MG 的流程到进阶创作 MG 的流程，我都提到优化调整的问题，事实上我们制作的大部分案例在时间允许的情况下都是可以继续调整、优化的。

优秀的 MG 作品，总会有很多意想不到的细节，这些内容不一定都是在优化调整的过程里诞生的，或许是最初设计时就考虑过的。无论是哪一种情况，制作优良的细节都需要很多耐心，从构思到实践的过程也是如此。

第 4 章

进阶 MG 案例的制作

MG 作为一项综合的创作艺术，需要设计师具备多项能力。在前面的章节中，我们不仅学习了软件操作，还学习了很多理论知识和思维方法，这些内容都是制作 MG 所必需的。在一切准备就绪之后，本章会通过几个实践案例来提升大家的 MG 制作水平。

阅读提示：本章由操作案例构成，制作过程中对新的知识点会重点讲解，大家可以根据自己的学习情况进行练习。如果感觉到有困难，可以回顾前面所学内容，或者参与社群讨论来获取帮助。

4.1 案例1：App 动态引导页设计

很多智能手机上的 App 不仅有漂亮的界面和实用的功能，还会在第一次启动的时候播放动态引导页面来介绍产品的功能和特色，引导用户更快地进入到操作中来。作为 UI 设计师，在设计 App 的过程中会接触到启动页面和引导页面的设计，如何对动态引导页进行设计，如何制作出动态引导页的效果图，这一节的案例便会带领大家完成一组运动类 App 的动态引导页的设计，最终完成的画面效果如图 4-1 所示。

图 4-1 画面效果

扫描二维码

查看案例最终效果

1. 基本分析与设计思路

观看完案例的最终效果后，我们发现这个引导页的动画由 3 个画面构成，实际上页面和背景并不是运动的，页面内容在持续切换，并且每一页都有各自的核心动效。这个案例难度并不高，综合运用曾经学过的知识即可完成。当然在这个案例中也使用到了一些之前我们没讲到的新知识，在图文讲解中，我会详细介绍这些内容。

◎ 动效分析

页面 1：第一个页面有速度仪表盘充能的动效，数字会从 0 开始往上走，还有一些常规的文字和图片平移的效果，核心动效主要集中在仪表盘部分。

页面 2：第二个页面主要就是速度曲线的运动，同样也有步数的动态变化，核心动效就是速度曲线和步数计数的效果。

页面 3：第三个页面有对下落的太阳和时间的表示，运用的核心动效是前文案例曾经讲过的效果，很简单。

2. 开始制作

◎ 场景拆分与素材导入

启动 Photoshop 打开素材文件，素材文件对 3 个页面使用图层组进行了分隔，对应的元素均放入了各自图层组中，而公用元素为屏幕和背景图层。将素材文件导入 AE 中，图层组都作为合成存在，双击进入后可看到各个图层。AE 对素材文件中的一些效果是无法编辑的，仅可查看。所以有一些内容实际上需要在 AE 中重新绘制，特别是用于核心效果的部分内容。

打开 AE 软件，新建一个合成，命名为"总合成"。宽度为 800px，高度为 600px，帧速率为 25 帧 / 秒，持续时间为 12 秒。新建完成后将素材文件导入到项目窗口中，选项设置如图 4-2 所示。

把项目窗口中的素材文件合成拖入图层面板中，可以在合成窗口中看到图像，但页面 1 的表盘并没有正常显示。依次双击各层级的合成：资源文件 > 页面 1> 表盘，展开两个椭圆图层。形状图层以蒙版的形式存在，将"椭圆 1"蒙版的叠加方式改为"相减"，这样就能看到图形了，如图 4-3 所示。

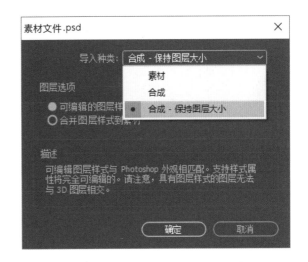

图 4-2 素材导入

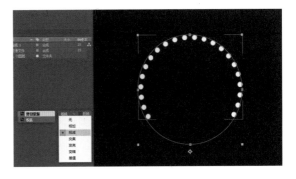

图 4-3 调整蒙版

AE 中对 Photoshop 形状图层的处理方式是一种近似反向的思路，遇到这种情况，我们可以采用改变蒙版叠加方式的办法来恢复其原本的效果。

另外，AE 对 Photoshop 中的剪切蒙版的兼容是一种特殊的形式。在图层面板顶部，轨道遮罩的名称是"TrkMat"，而在它左侧可以看到一个字母"T"，鼠标悬停到这个字母上，会显示"保留基础透明度"字样，如图 4-4 所示。在字母下方我们可以看到熟悉的"棋盘格"图标，在 Photoshop 和 AE 中，这都代表着图层为透明的状态。棋盘格效果显示的状态下，代表"保留基础透明度"的状态是开启的，这样便能正常显示 Photoshop 中使用了剪切蒙版的图层效果。

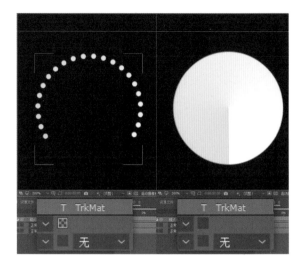

图 4-4 剪切蒙版的显示

以上是对一些知识点的补充，遇到这种情况的时候我们可用上述的方式处理。除此之外，都是一些比较常见的情况，对于一些没有特殊动态效果的图层，我们可以直接给其添加简单的动态效果，如对每一页的固定标题文字平移。关于场景拆分，实际上在静态文件中已经做得差不多了，接下来需要在总合成中按顺序制作每个页面的动态效果，最后再将完成的各个页面打包为预合成，直至完成整个案例。

◎ 页面 1 的仪表盘充能

参考素材文件中的仪表盘，绘制一个圆形，宽度为 180px，高度为 180px，命名为"渐变"。将"填充"关闭，将原本的"描边"删除，并添加一个"渐变描边"，色值范围从"#ffd75c"过渡到"#ffffff"，不透明度均为 100%。最后再添加"虚线"的属性，虚线设置为 1.0，间隔设置为 15.0，所有参数设置如图 4-5 所示。

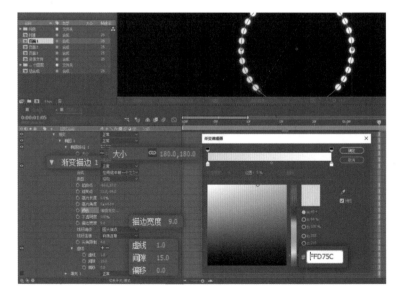

图 4-5 绘制仪表盘

添加修剪路径，这样就能还原静态文件的效果。对结束属性设置为 74.0%，偏移属性设置为 0x-133.0°，如图 4-6 所示。

接下来需要制作一个浅色的圆形，进一步丰富整体的视觉效果。这一步很简单，只需要把"渐变"这个圆形复制一次，重命名为"半透明"，然后修改"渐变描边"的颜色，将渐变两端的色值都改为白色（"#ffffff"），不透明度为 100%，并对该对象的"变换"属性下的"不透明度"调整为 10%（此处不记录关键帧）。

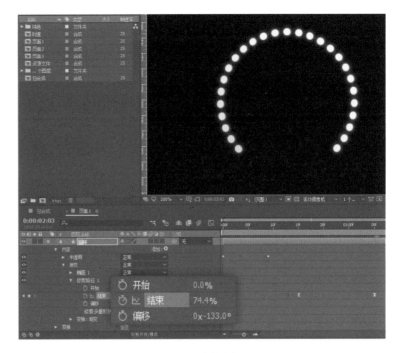

图 4-6 修剪路径

进一步增加视觉层次，给图层添加效果。添加一个外发光效果，色值为"#ffbf50"，不透明度为 50%，大小为 7.0，设置参数如图 4-7 所示。

图 4-7 设置外发光效果

动效方面，将"半透明"圆环的不透明度从 0% 淡入到 10%，将"渐变"圆环的修剪路径的"结束"属性从 0% 变为 44.4%。而图层样式的外发光的"不透明度"属性与"渐变"圆环的"结束"属性保持同样的节奏，从 0% 变为 50%。可参考运动曲线进行调整，如图 4-8 所示。

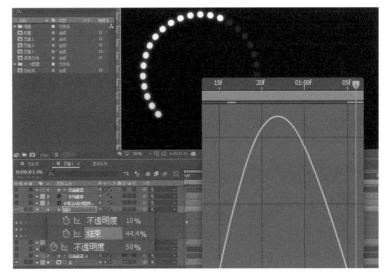

图 4-8 运动曲线调整

◎ 页面 1 的数字动效

页面 1 的数字动效使用到一个文本特效,把两个数字分开制作。使用文字工具输入"0"和"9",并安排好其位置。选中文字图层"9",执行"效果 > 文本 > 编号"菜单命令对字体和样式进行设置,以保持和创建文字图层的时候一致。在此案例中,文字字体选择"Microsoft YaHei",样式为"Bold",如图 4-9 所示。

图 4-9 设置文字样式

之后需要在效果面板继续调整,"数值 / 位移 / 随机最大"的数值设置为 0.00,并记录关键帧。"小数位数"设置为 0,"填充颜色"的色值为"#e4fbff","大小"设置为 60.0,如图 4-10 所示。

图 4-10 效果调整

动效方面需要把"数值 / 位移 / 随机最大"的数值从 0.00 调至 9.00,持续时长为 0.5 秒左右,使其与仪表充能的动效大致在一个节奏上。

完成后,将"0"和"9"两个文字图层创建一个预合成,命名为"时速",并添加外发光的图层样式,匹配整体画面的节奏感,控制"不透明度"的属性来完成微弱的发光效果。最后是"km/h"文字图层,使用常规的图层"不透明度"调整淡入效果即可。

下方的人物和标题文字没有复杂的动态效果,可沿用素材文件的图层,在上面调整"不透明度"和"位置"的属性。注意对轨道遮罩的使用,这些知识前文讲过,详细参数可以参考工程文件。

页面完成后需要打包为一个预合成,命名为"页面 1",绘制一个和"屏幕"图层一样大小的形状,使其成为"页面 1"的轨道遮罩。在"页面 1"中的动效播放完毕后,对它设置位置动画,使其从屏幕左侧退场,同时可以打开运动模糊,如图 4-11 所示。

图 4-11 页面预合成

◎ 轮播点与页面跳转

轮播点是单独绘制的,新建形状图层,命名为"轮播圆点"。绘制一个圆角矩形,宽度为 8.0px,高度为 8.0px,圆度为 4.0px,使用快捷键复制出 3 份,并调整好每一个矩形的位置。

轮播点的动画是调整了圆角矩形的宽度属性，数值从 8.0px 到 16.0px，之后再恢复到 8.0px，如图 4-12 所示。而轮播的动效其实和翻页动画是同步的，所以建立关键帧的时候需要和页面退出速度节奏一致，轮播点一共需要制作两组动画。

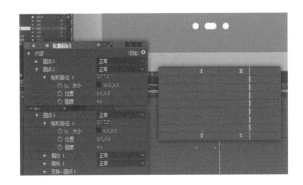

图 4-12 轮播点动画设置

◎ 页面 2 的核心动效

新建形状图层，命名为"走线"，使用钢笔工具绘制出这个曲线，为其加一个"渐变描边"的属性，颜色从"#75daff"过渡到"#e6fbff"，描边宽度为 9.0px。动效是使用修剪路径完成的，控制"结束"属性的变化来实现线条运动，这里提供了运动曲线来供参考，如图 4-13 所示。

最后需要给"走线"添加一个图层发光效果，色值为"#6ce9ff"。

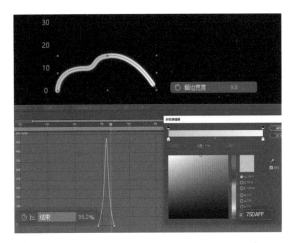

图 4-13 渐变线条

◎ 投影效果

随着走线动画的运动节奏，会跟随着出现一个投影效果，素材文件中的图层可直接利用。然后新建一个形状图层，命名为"投影遮罩"。简单绘制一个可以覆盖住投影图层的矩形即可，将其作为"投影"图层的"Alpha 反转遮罩"，调整该遮罩图层的"位置"属性，即可完成该效果，如图 4-14 所示。需要注意的是，要配合走线的运动来调整运动曲线。

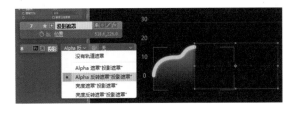

图 4-14 设置投影遮罩

◎ 页面 2 其他元素的动态效果

步数的变化是从 0 到 23577 按照页面 1 的数字动效的制作方法，可以完成这部分的动效制作，具体请参考工程文件。

其他元素的动态效果均是常规变换属性的搭配与组合，"位置"和"不透明度"的变化，可以参考最终完成的动画效果，并配合图 4-15 中的关键帧分布来调整整体的动画节奏。

◎ 页面 3 的时间数字制作

页面 3 上的时间数字也运用了"编号"的特效，但根据这个特效的特性，我们用了一些技巧。这个部分一共分为 5 个图层，表示小时的位置上，0 是固定的，创建好之后不需要改变；数字 6 的位置运用了"编号"特效。"50"的部分是从"00"开始的，所以需要两个图层，其中前面的"0"和后面的"0"一样，属于固定内容。但分钟的数字从"0"到"50"的过程，会出现进位的情况，需要在这个位置将分钟的数字位置用"0"隐藏，如图 4-16 所示。

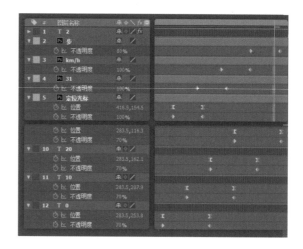

图 4-15 其他动效的关键帧设置

时间分隔号使用了不透明度变化的方式来调节闪烁，这里使用了一个关键帧叫作定格关键帧。在关键帧上按鼠标右键，选择"切换定格关键帧"。这种关键帧不再与普通关键帧一样具备自动过渡的效果，而是在时间轴走到下一个定格关键帧之前都依然保持上一个关键帧的运动状态，如图 4-17 所示。

图 4-16 时间数字的动效处理

这个案例的制作，可能需要你花费很多时间来调整到和完成文件近似的效果。除了运动曲线外，每一个动效的时间长短以及先后穿插的节奏也需要花费大量的时间去调整。

图 4-17 切换定格关键帧

3. 案例小结

本节案例最主要的目的是让大家再次综合运用前面所学的知识，继续熟悉操作，并且去思考运动节奏不同时人的视觉感受的变化。学会这些基本知识，你就可以去完成很多 App 的引导页动态效果的制作了。

4.2 案例2：一只奔跑的小猫

在一些设计网站上，我们有时会看到一些关于动物和人的 MG 作品，它们是循环播放的，连贯性很好。这种短小的 MG 作品，相信大家也很有兴趣想要知道是怎么制作的。实际上，有了目前所掌握的知识，我们已经能够完成这类的作品了。第 2 章里简单讲过路径动画的知识，以及关于骨骼绑定的插件。这些知识与技巧在MG 制作中是非常重要的，需要大家熟练掌握。如图 4-18 所示，本节的案例会继续教大家运用路径和骨骼绑定的方式来制作动物的规律运动效果。

图 4-18 画面效果

扫描二维码

查看案例最终效果

1. 基本分析与设计思路

这是一个循环播放的动画，小猫的运动方式比较简单，只有四肢、尾巴的动作，还有少量的特效。这个案例在技术上没有难点，但是需要一些技巧手段来提高效率。本案例的效果仅使用第 2 章水母案例的知识点就可以完成，所以大家也可以使用工程文件中提供的素材来尝试制作本案例。

◎ 动效分析

小猫的动作： 小猫的动作主要是跳跃式奔跑，四肢有一定程度的弯曲，尾巴摆动，以及头部的一些细节（如耳朵、胡须、嘴巴等）。

特效与转场： 跟随小猫是圆圈特效和放射线特效，以及背景切换。这些可以通过使用插件来快速创建。

2. 开始制作

◎ 创建合成，导入文件

新建一个合成，命名为"总合成"。宽度为 800px，高度为 600px，帧速率为 25 帧 / 秒，持续时间为 12 秒 01。建立好合成后注意转换时间的显示方式，可以按住键盘的 Ctrl（Windows）或 command 键（Mac OS），单击图层面板左上角显示时间的区域，将其切换为帧的方式显示。此后开启合成设置，可见持续时间已经变为 00301，如图 4-19 所示。

图 4-19 合成设置

将 PSD 格式的素材文件拖入项目窗口，注意调整导入选项，保留编辑度。导入素材文件会自动创建一个同名的合成，双击进入后可以看到两种配色的小猫分别处于不同合成中（即原本的两个图层组），将黑色的猫复制后粘贴到总合成中。

之后再创建两个纯色图层，快捷键是 Ctrl+Y（Windows）或 command+Y（Mac OS），色值分别为"#afdaff"和"#ffeecc"，如图 4-20 所示。

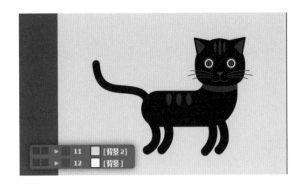

图 4-20 素材文件导入，创建纯色图层

◎ 创建操控点，绑定骨骼

对每个图层的锚点进行调整，将关节点拖至符合运动规律的位置即可，具体可以参考工程文件，之后需要对涉及运动的身体图层创建操控点并绑定骨骼。给尾巴创建 4 个操控点，四肢创建 3 个操控点，参考图 4-21 针对每个图层进行创建。注意要为每个操控点进行命名，合理的命名可以避免骨骼绑定过程中因为名称重复而导致表达式报错。

图 4-21 创建操控点

打开插件 Duik，安装完毕后会位于菜单栏的"窗口"下，勾选出来即可。选中创建过操控点的图层并点击 Duik 插件中的"骨骼"图标，即可自动创建出骨骼对象，它和操控点同名，并且位于对应图层的上方。待全部骨骼创建完毕后，需要使用"关联器"将它们的父子级关系建立好，如图 4-22 所示。

图 4-22 创建并关联骨骼

需要注意的是四肢和身体的关联关系，并且需要把"脑袋"这个合成从原本的位置复制到黑猫的合成中，这样才能让头部关联到身体。

◎ 制作奔跑动画

选中"身体"的骨骼对象，对其"位置"属性记录关键帧，快捷键是 P。需要在"00000""00012""00015"3 个点记录关键帧，参考图 4-23 调整"00012"帧的"位置"属性，头尾（即"00000"和"00015"）不需要做调整，保持一致即可。

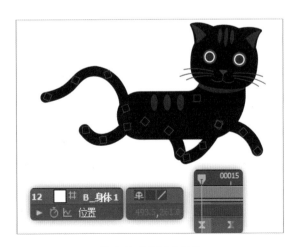

图 4-23 调整身体运动

复选所有腿部的骨骼对象（即通过插件创建的空对象），快速对它们的"位置"和"旋转"属性记录关键帧，快捷键分别是 P 和 R。需要在"00000""00012""00015""00027""00030"几个点记录关键帧，效果如图 4-24 所示。

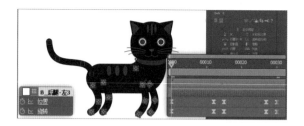

图 4-24 记录关键帧

合理调整各骨骼的"位置"和"旋转"属性，调整"00012""00015""00027"这 3 个帧的运动属性，头尾（即"00000"和"00030"）不需要做调整，保持一致即可，效果如图 4-25 所示。

图 4-25 四肢动作调节

接下来，继续对尾巴做关键帧记录，尾巴的运动要简单一些，只需要记录"00000""00015""00030"3个点，并且运动状态只需要修改"00015"即可，如图 4-26 所示。

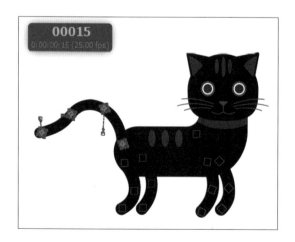

图 4-26 尾巴的动作调整

调整完毕后，对有所记录过关键帧的属性添加表达式。按住 Alt（Windows）或 option 键（Mac OS）同时单击闹钟图标，展开表达式菜单。单击表达式模板图标，选择 Property>loopOut(Type="cycle",numKeyframes=0)，之后可以单击表达式文字区域，进入编辑状态。复制这段代码，粘贴到其他属性的表达式文字区域内，完成后如图 4-27 所示。

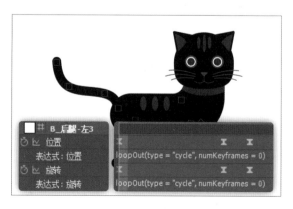

图 4-27 添加表达式

最后是对动画曲线的调整，这个部分需要一些耐心，可以先转换为"缓动"，再进行微调。这里提供最后的调整结果供大家参考，如图 4-28 所示。

注： 实际制作过程中，可能会出现效果和案例不一致的情况，多练和耐心是必不可少的。如果效果偏差太多，建议将相关的关键帧全部删除并重新制作，这样效率反而更高。

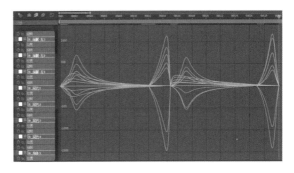

图 4-28 运动曲线调整

◎ 制作头部动画

头部的动画和身体运动是一样的节奏，主要有胡须、嘴巴和耳朵 3 个部分。首先是胡须，胡须的循环和身体是一样的，需要添加表达式。注意使用工具调整每一个胡须的锚点，使锚点靠近嘴巴。关键帧只需要记录"旋转"属性，并且调整"00012"这一帧即可，如图 4-29 所示。

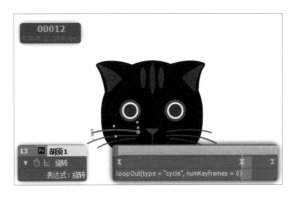

图 4-29 调整胡须

嘴巴是使用 AE 中的钢笔工具来绘制的，新建一个纯色图层，色值为"#ff8781"，然后使用钢笔工具绘制出嘴巴的造型。使用"蒙版路径"这个属性来调节动画，分别调整"00090~00140"以及"00259~00300"这两组，具体效果可以参考图 4-30。

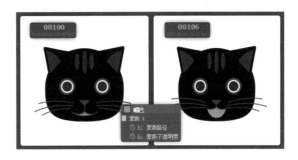

图 4-30 调整嘴巴

最后是耳朵。同理，耳朵也使用到了"蒙版路径"。需要调整 3 个地方，分别是"脑袋""左耳内"和"右耳内"三个图层。在"00000""00012""00015"3 点对"蒙版路径"记录关键帧，并在"00012"帧调节 3 个图层的属性，调节的过程可以打开参考线方便对称调整。由于这个属性并不支持循环表达式，所以需要手动复制这些帧后再粘贴至完整的循环里，如图 4-31 所示。

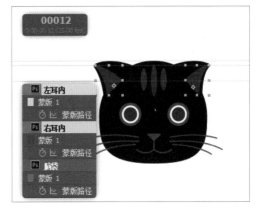

图 4-31 调整耳朵

头部的运动曲线基本是和身体匹配的，可以参考图 4-32 批量来进行批量调节。

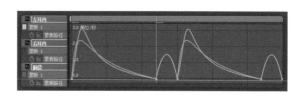

图 4-32 头部运动曲线

注：完成以上制作，核心动效就制作完毕了。对一些细节的调整可以反复进行，本案例在制作过程中也是反复调整了的。相比用曾经学过的线条路径动画来制作肢体运动，绑定骨骼这个方案的优点在于使用"控制器"可以更方便地调整肢体运动，而不会破坏图层原本的"属性"，它是可逆的，你随时可以删除"控制器"来恢复其原本的状态。

◎ 特效制作

特效有两层，一层是手动制作，还有一层是粒子效果。我们先从简单的说起，第一层是在小猫身体周围的圆圈泡泡，这个效果仅使用了一个形状图层就完成了。新建一个形状图层，绘制一个圆圈，只留下描边的属性，并为其添加一个"位移路径"的图层效果，之后再将这个"位移路径"拖入椭圆的组里即可，效果如图 4-33 所示。

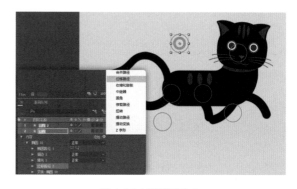

图 4-33 创建圆圈泡泡

上面这个特效需要调节的关键帧主要有椭圆内部的"位置"属性、椭圆内部的"不透明度"属性、"描边宽度"以及"位移路径"中的"数量"属性。在"00000"的位置将这 4 个关键帧记录下来，然后使用快捷键复制出5 个椭圆组件，并分别拖曳到不同的位置，快捷键为 Ctrl+D（Windows）或 command+D（Mac OS）。色彩可以根据自己的喜好来设置，案例中的色值分别为"#ffe080""#8092ff""#80ffce""#ff80da""#ff8080"。

最后参考图 4-34 的关键帧动态设置以及运动曲线的设置，批量完成这 5 个圆圈的动画效果，并将它们拖曳到相互交错的状态。

复选这 5 个椭圆，再次使用快捷键复制出另外 5 份，总计 10 个椭圆。将它们的关键帧按照不同的节奏穿插起来，10 个椭圆总计时间跨度为"00000~00150"，刚好是全片的一半。之后再把这个图层复制一份，在时间轴上拖拉到后半段即可完成这部分的特效制作，效果如图 4-35 所示。

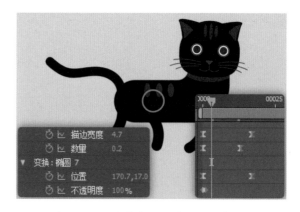

图 4-34 圆圈包泡效果的关键帧和运动曲线

158

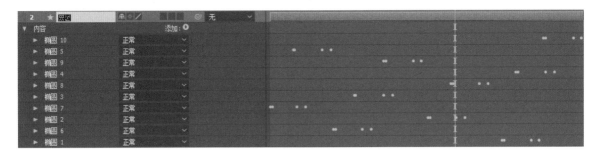

图 4-35 圆圈泡泡效果的排列和重复

重复制作时也可以使用"启用时间重映射"的方式，并配合循环表达式来实现，这个知识点在前面的水母案例中讲过，大家可以尝试一下。

第二层特效使用到了"Particular"，在前文我们简单提到过这个插件的使用。由于可以采用"Builder"的方式通过预设快速创建出来，简单来讲，对下方的每一个选项都可以在右侧拉出的菜单里点选，设置完成后点击右下角的"Apply"按钮即可。这个部分的制作大家可以参考图 4-36 中的设置。

图 4-36 Particular 预设设置

除了预设之外，几乎所有设置都可以采用传统的"效果控件"的方式来调节各项属性的参数。所以这里也为大家附上了效果控件部分的参数，大家可以参考图 4-37 中的设置参数来进行调节，即可达到一样的效果。粒子效果不需要对调节的关键帧做记录，它会按照设置的属性参数并根据算法自动进行发射和演化。

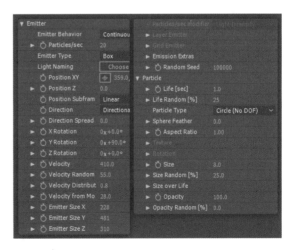

图 4-37 Particular 参数设置

关于粒子效果的循环需要一点技巧，粒子效果的发射效果是"从无到有"的。这个问题会影响到循环效果，因此需要把这个部分切掉，使用图层拆分即可，快捷键是 Ctrl+Shift+D（Windows）或 command+shift+D

（Mac OS）。第二步是把整个图层的持续时间控制在170帧，并且要复制一次，与制作圆圈泡泡特效的方法一致，只是有穿插起来的部分，这里我们采用不透明度变化的方式来进行转场。两个图层的交界处刚好是"00150"的位置，在小猫切换颜色的部分进行转换，就不容易穿帮了，具体设置如图4-38所示。

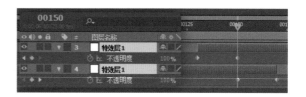

图 4-38 特效循环设置

◎ 制作颜色变化

最后要制作的是猫的颜色变化。在这里大家会发现猫的动作其实是一样的，只是对颜色做了切换，而颜色切换使用到的是蒙版。但这里如果直接复制黑猫的合成进行换色，会使所有合成都会被替换，这样就不能实现所想要的效果了。因此这里采用了另一个讲过的知识点，那就是把保存好的源文件作为素材导入合成中。

导入后，这个基于源文件的素材会包含独立的合成，把其中的黑色小猫合成拖入"总合成"里，然后再更改颜色，对每个身体图层添加效果，执行"效果 > 生成 > 填充"菜单命令，通过更改每一个图层的颜色来完成换色的操作，如图4-39所示。

图 4-39 更换颜色

换色之后，回到"总合成"，对黑猫合成在"00110"帧做拆分，使用"工具创建蒙版"的方式给黑猫合成创建一个蒙版，对蒙版进行适度羽化，并于"00100~00110"的跨度内，对属性"蒙版扩展"创建动画，以此完成从黑猫到灰猫的过渡。同理，在"00260~00270"的跨度内，对灰猫也做同样的操作。

为切换的过程添加两个"Burst"，并制作投影动画，这样全片的效果就制作完成了。

3. 案例小结

这个案例的难点在于调整出弹跳的动作，连续制作几个这类型的动画之后，你会找到比较好的手感，能够做出更生动的视觉效果。其余的操作都是对已有知识点的运用，完成这个案例后，你会对骨骼动作类型的动画制作有更加深入的理解。

4.3 案例3：一座月中古堡

在一些 MG 作品中，我们也经常会看到一些小场景的制作，如盖房子或开店铺等。一些小的楼房遵循 MG 的特征，由基本元素搭配和演化而成，动画呈现规律性并相互叠加，视觉信息量很大。这一节我会带大家做一个建设月中古堡的案例，这个案例在知识点方面主要是强化对蒙版和遮罩的运用。如图 4-40 所示，可以看到古堡从地面逐渐盖起来的过程，最后被限定在一轮满月中。

图 4-40 画面效果

扫描二维码

查看案例跟踪效果

1. 基本分析与设计思路

仔细观察这个案例，你会发现一些相同的建筑结构的建盖过程是类似的，也就是说可以反复利用一些元素，这就是此案例制作的关键，在制订动画方案的时候，我们要有归纳复用性的意识和手段。塔楼部分的建盖是重复的，二层和三层房屋也具有部分复用的情况。另外，本案例需要在 AE 中绘制静态造型，素材文件仅作为参考，由于直接导入素材文件后，属性会出现缺失而无法实现一些核心效果。

核心动效：本案例的动效为连续演绎的状态，在动画上并不是按照前后时间顺序区分的。但是运动状态的每一个部分都是相互独立的区域，如地板、树木、塔楼等，它们均有独立的从诞生到运动完毕的状态，将这些独立的部分根据一定的节奏串联起来，就构成了连贯的效果。

外围效果：使用蒙版对整个画布限定范围来构成月亮的效果，最终再加上云层的诞生和运动即可。

2. 开始制作

◎ 创建合成，导入文件

新建一个合成，命名为"总合成"。宽度为800px，高度为600px，帧速率为25帧/秒，持续时间为6秒。将素材文件导入项目窗口中，如图4-41所示。

导入文件后可发现由于资源文件使用了多层剪切蒙版和智能对象，双击后也无法进入到素材的最底层，因此把资源文件仅作为参考即可，这里需要根据素材文件在AE中重新绘制用于制作动画效果的各个元素。

图 4-41 导入素材文件

◎ 绘制塔楼

将因为素材导入而自动生成的"资源文件"合成的整体不透明度降低，并且打开合成中的第一座塔楼，将其改为"浮动到窗口"，作为一组参考。创建一个纯色图层，色值为"#d09676"，使用形状工具中的矩形工具绘制出塔楼的楼顶，尺寸参考静态文件。楼顶完成后继续使用形状工具中的椭圆工具绘制塔楼顶部的凹陷造型并调整其大小，之后将蒙版的叠加方式切换为"相减"，最后连续复制两次并将它们放置到正确的位置，如图4-42所示。

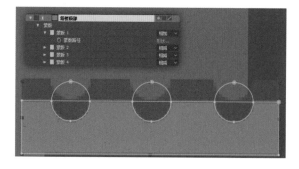

图 4-42 绘制塔楼顶部造型

塔楼的主体只是一个简单的矩形蒙版，这里不再细述。接下来是砖块的绘制，砖块也是一组蒙版，是由圆角矩形工具绘制的，同样也是要多次复制，然后将它们放置到右图的位置。区别在于这里的图层叠加方式是"相乘"，类似 PS 里的"正片叠底"。把图层的"不透明度"降低到 45%，这样砖块的绘制就完成了，如图 4-43 所示。

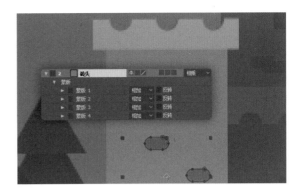

图 4-43 绘制塔楼的砖块

之后是塔楼的投影，塔楼顶部投射到了塔楼主体部分产生投影效果，还有一些杂色颗粒的效果。这个效果同样使用了绘制砖块的方法，使用"相乘"的图层模式，并且蒙版不透明度设置为"49%"，蒙版羽化设置为"23.0，23.0"，蒙版扩展设置为"16.0"，如图 4-44 所示。

之后再为塔楼投影增加一个杂色特效，这里我们用的是"杂色 Alpha"，执行"效果 > 杂色和颗粒 > 杂色 Alpha"菜单命令，并将"数量"设置为"25.0%"。

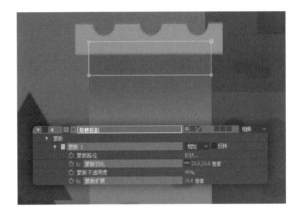

图 4-44 设置塔楼的投影效果

◎ 制作塔楼动画

这种动画我们已经制作过多次。通过对"蒙版路径"的关键帧进行记录，然后框选蒙版形状的各个锚点，进行拖曳即可改变属性的参数。创建一个蒙版形状从一侧向另一侧展开的动画效果。塔楼主体是从下往上展开，塔楼顶部是从左往右展开。注意调节动画曲线，运用前面所讲过的动画曲线知识，将这两组动画调整为"先急后缓"的视觉效果。

接下来是塔楼顶部的凹陷动画制作，这里记录关键帧的属性是"蒙版扩展"，从"-9.0"到"0.0"的变化，持续时间为 5 帧。将 3 个蒙版扩展的动画进行关键帧错位，并且使用快捷键把关键帧设置为"缓动"，快捷键是 F9（Windows）或 Fn+F9（Mac OS）。切换到动画曲线面板，框选 3 组动画的第二个关键帧，用鼠标右键选择"关键帧速度"，将"输入速度"改为"5 像素 / 秒"，最后使用插件"Mograph Motion v2.0"的 EXCITE 功能，让动画具备弹性效果，如图 4-45 所示。

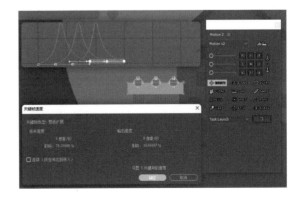

图 4-45 制作塔楼顶部的凹陷动画

砖头的动画制作方法同塔楼顶部的凹陷动画一样，都是对"蒙版扩展"创建关键帧动画，要注意前后节奏的变化，动画曲线为"缓动"，再附加弹性效果"EXCITE"。

最后是塔楼投影，这部分内容实际上只需要对效果"杂色Alpha"的"数量"属性添加从"0.0%"到"25.0%"的动画即可。工程文件中对"蒙版路径"也做了一些动画效果，但从最终效果来看，并不是很明显，所以大家可以灵活运用。

完成以上所有塔楼的动画制作后，对这部分动画所涉及的图层进行预合成，并将预合成命名为"塔楼左"。

注： 这样就做好一组塔楼的建盖动画了，这组动画和动画中的一些组件可以复用到其他动画中。例如，右侧的塔楼，可以直接复制使用左侧的，这样一方面保证了效果统一，另一方面可提高效率。

◎ 制作外墙动画

外墙动画的主体和塔楼的动画是一致的，但是并不能直接复用。所以这个部分的绘制可参照塔楼的绘制和动画制作来进行，也可以进入到预合成"塔楼左"中进行元素的复制，如可复制砖头和凹陷部分。直接复制带有动画的图层会把动画效果一同复制过来，因此可以节省不少时间。下面主要讲解城门的绘制与动画的调节。

城门由3个部分构成，即城门、外框和栅栏。新建形状图层，命名为"城门"，绘制一个圆角矩形，展开图层的"内容"层级，填充色值为"#58463c"。把这个位于"内容"层级中的圆角矩形重命名为"城门"，之后将其复制一份，重命名为"外框"。把填充关闭，打开描边，色值设置为"#d0a184"。将作为城门外框的这个圆角矩形转换为"贝塞尔曲线路径"，并且为其添加"修剪路径"。

"城门"的动画效果为弹性缩放，参考塔楼凹陷和砖块动画的制作方法即可。城门外框是用"修剪路径"来制作走线动画，但此时调节"修剪路径"的属性会发现起点位置并不是我们想要的，所以需要对其调整。

由于这个圆角矩形已经转换为了"贝塞尔曲线路径"，因此属性已经发生了改变，仅有"路径"这一项。选中这个"路径"属性，并框如选图4-46所示的曲线锚点，这时候单击鼠标右键，选择蒙版和形状路径 > 设置第一个顶点，这样便完成了走线动画起点的更改。

图4-46 城门外框的顶点设置

城门的栅栏需要新建一个形状图层，使用钢笔工具绘制线条（钢笔工具绘制的线条为"贝塞尔曲线路径"，不需要再进行转换），绘制完成后复制一次"城门"的图层作为栅栏的轨道遮罩，但此时会发现栅栏超出了想要的范围。若把外框图层拖曳至上方，也会在外框动画的过程中看到超出范围的栅栏，这样的视觉效果并非最佳状态。所以需要增加了一个细节性的操作，把作为轨道遮罩的城门图层的范围缩小。展开城门属性中的"比例"，将这个属性的值调整为"96.0%"，如图4-47所示。

图 4-47 绘制城门栅栏

绘制完毕后，为每一根栅栏添加一个"修剪路径"。可以使用快捷键复制后拖曳到每一个栅栏的线条层级中，快捷键是 Ctrl+D（Windows）或 command+D（Mac OS）。"修剪路径"动画的持续时间为 0.5 秒，并且把栅栏的顺序通过拖曳形成先后关系。

完成了外墙动画的制作后，要对涉及的图层进行预合成操作，并将预合成命名为"外墙"。

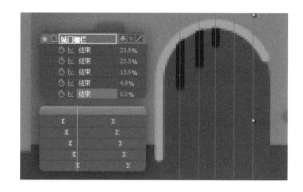

图 4-48 城门栅栏动画调节

注： 所有的城堡组建动画都可以从 0 帧开始做，由于制作完毕后会进行预合成操作，届时再对这些部分进行前后关系的调整即可。

◎ 制作二层房屋动画

二层的主体是一个传统尖顶式的房屋结构，这部分的动画也比较简单，只是对屋顶的处理有一些不同。先正常使用纯色图层＋工具蒙版绘制一个房屋主体的矩形结构，随后使用钢笔工具在矩形顶部的水平居中位置增加一个锚点，如图 4-49 所示。

图 4-49 二层房屋墙面的绘制

这里需要先把房屋墙面的动画制作出来，从地面升起的持续时间为 8 帧，而房屋的尖顶立起持续时间为 5 帧，同样保持"先急后缓"的动画节奏。房屋的尖顶立起后需要绘制屋顶，创建形状图层，使用钢笔工具绘制出来。屋顶要以墙面顶部的三角形作为参照来绘制，因此需要先把上一部分的动画制作完成。

屋顶的绘制，可参照图 4-50 的方式为头尾两端补充一截线段，并且将端点向内收起来，这样便可还原静态设计的效果。

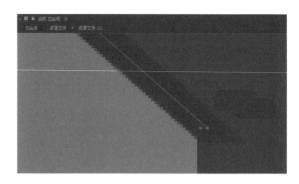

图 4-50 屋顶的绘制技巧

屋顶的动画效果是通过添加"修剪路径"来完成的走线动画，这部分的制作并没有难度。屋顶投影的制作方法是复制一次屋顶图层，对其添加"高斯模糊"效果，"模糊度"为"29.7"，复制"房屋墙面"图层作为它的轨道遮罩。之后将这两个图层进行预合成并命名为"屋顶投影"，最后对这个预合成添加"杂色 Alpha"效果，"数量"设置为"15.0%"，如图4-51 所示。

图 4-51 制作屋顶投影

房屋的大门直接复制外墙的"城门"进行修改即可，这次把其中的"城门"也转换为"贝塞尔曲线路径"，然后通过选中"路径"属性，对大门的造型进行拉长，保留"城门"的动画效果即可。窗户可以通过对素材文件切图后导入，这样做更快速，如图 4-52 所示。

图 4-52 导入窗户切图

屋顶的红色圆形和窗户的动画均为弹性缩放效果，可参考前面完成的类似动画效果来进行制作。

◎ 制作剩余塔楼、地面和树木动画

剩余塔楼部分：最高的塔楼的尖顶是将三角形的顶部锚点进行了"路径"属性的变化。

地面：地面和塔楼主体结构采用同样的方式来制作，两个色值分别为"#0f2d38"和"#724a34"。

树木：树木采用的是导入树叶造型的切图素材，参考二层窗户，使用弹性缩放方案来完成。

其余的部分已没有太多需要注意的，基于前文讲解的动画效果，可以将完成的这些内容的效果复用到顶部的塔楼动画制作中。将所有单体内容制作完，并且预合成为独立的部分之后再进行前后关系的排列，这样就完成了核心效果的制作。动画的前后关系与节奏可以参考图 4-53 所示的设置。

图 4-53 各部分组件的动画节奏

◎ 制作满月和背景效果

创建一个纯色图层，填充色值为"#fffcd8"，拖曳图层至城堡相关图层的最底部，然后包含这个纯色图层在内，将所有与城堡相关的图层与预合成选中，再进行一次预合成，并将预合成命名为"城堡"。使用椭圆工具为这个预合成创建一个正圆形的蒙版，在绘制的过程中按住快捷键可以从合成中心点开始拉伸出圆的形状，快捷键为 Ctrl+Alt+Shift（Windows）或 command+option+shift（Mac OS）。把圆形蒙版的大小调整为超过整个合成的大小，然后把这个蒙版的"蒙版扩展"属性调整为负值，工程文件中的设置为"-237.0"，持续时间为 7 帧，运动曲线统一调整为"先急后缓"，效果如图 4-54 所示。

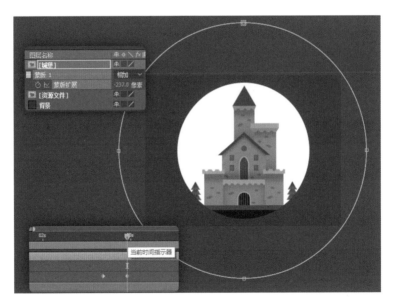

图 4-54 制作满月遮罩动画

满月效果通过蒙版动画制作完成之后，需要再为满月增加一个带有杂色效果的投影。创建一个纯色图层，命名为"杂色投影"，填充色值为"#40aaec"。选中预合成"城堡"的"蒙版"（不需要展开），使用快捷键复制它，快捷键为 Ctrl+C（Windows）或 command+C（Mac OS）。然后选中图层"杂色投影"，使用快捷键将蒙版粘贴到新建的纯色图层中，快捷键为 Ctrl+V（Windows）或 command+V（Mac OS）。

为图层"杂色投影"添加"杂色 Alpha"效果，把"数量"属性设置为"45.0%"。这个投影效果的展开动画所调节的是蒙版里的"蒙版羽化"属性，由"0.0,0.0"调节到"88.0,88.0"，持续时间为 11 帧，如图 4-55 所示。

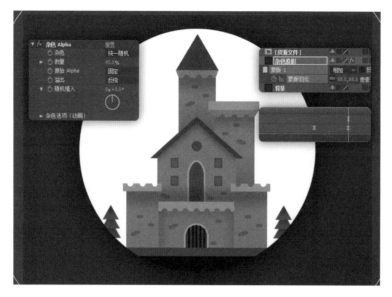

图 4-55 调整杂色投影动画

最后，继续使用切图素材来完成云朵的动画效果制作，这样整个案例就完成了。

3. 案例小结

这个案例最主要的目标是让大家学会对规律性的内容进行管理和复用，很多优秀的 MG 作品实际上都很善于合理地重复一些规律性的内容，而且并不一定就是为了提高效率。因为规律性的内容很容易让人形成基本的认知，并且相对来说更容易接受和理解。在技术上，通过对一些层级的区分来管理可复用的动画和素材，是我们必须要学会的制作技巧，只有这样，我们才能更加高效地完成 MG 的创作。

4.4 案例4：爱听音乐的设计师

在一些微场景类型的 MG 作品中，我们时常可以看到有一些人物角色的日常活动，如行走、工作或娱乐活动等，这种类型的动画效果由简单的人物造型设计和重复的运动过程构成。对于一名设计师或者设计爱好者而言，他们的艺术鉴赏力和欣赏水平很高，会习惯性地把一些艺术氛围带到他们的生活和工作中。这一节会教大家制作一个设计师正在听音乐的 MG 作品，画面效果如图 4-56 所示。

图 4-56 画面效果

扫描二维码

查看案例最终效果

1. 基本分析与设计思路

关于骨骼动画，采用 AE 自带的基本功能来制作虽然可以实现，但多少会有一定程度的限制，调整起来效率也并不高，且效果往往不尽如人意。对于人物角色的运动模拟，我们通常会采用骨骼动画的思路来完成。AE 除了自带的图层"关联器"以及"操控点工具"外，还会借用一些脚本或插件来强化 2D 骨骼动画的制作。本次案例会继续使用这些插件，而在制作过程中最为复杂的部分实际上是对于角色骨骼的绑定，正确绑定骨骼才能让动画制作事半功倍。

核心动效： 本案例的核心效果是人物角色的规律性运动，主要是肢体的拉伸和旋转。肢体由上端控制下端肢体的运动，此为正向动力学。而肢体末端接触到物体或者地面，通过发力来反向驱动肢体上端甚至是身体的运动，此为反向动力学。此案例的核心动效就是依赖骨骼绑定的方式来准确模拟这种运动方式的。

特效： 主要由咖啡的热气、电脑屏幕中出现的软件图标的演绎构成。其中咖啡的热气效果使用到了新的制作方法来模拟流体（气体）的运动与融合。

2. 开始制作

◎ 调整中心点位置

新建一个合成，命名为"总合成"。宽度为 800px，高度为 600px，帧速率为 25 帧 / 秒，持续时间为 13 秒。将素材文件导入项目窗口，使用"锚点工具"将图层的中心锚点移动到正确的关节位置上，如图 4-57 所示。

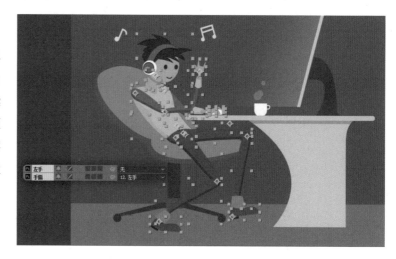

图 4-57 调整中心点位置

每个图层的中心点位置的不同将会在很大程度上影响最终的动画效果和关节的活动范围，建议大家参考工程文件中每个图层的中心点位置来设置。这里不需要使用"关联器"去设定图层之间的从属关系，只需调整好中心点位置即可。但是需要注意有一个图层为"手指"，需要使用"关联器"把它的父级关系绑定到"右手"图层上，这样后续的制作才不会出问题。

◎ 绑定骨骼

打开插件 Duik，执行"窗口 >duik"菜单命令即可打开。打开插件面板后单击"自动绑定"图标，并单击"掌行生物"，可以看到从腿部开始设置绑定，跟着向导选择正确的图层直到完成设置。没有的部件选择"无"即可，如图 4-58 所示。

完成后，插件生成数个控制器（空对象），包括腰部牵拉整个躯干的运动，颈部的旋转以及手脚的运动。通过对这些控制器来创建动画，即可完成丰富并且协调的角色运动。

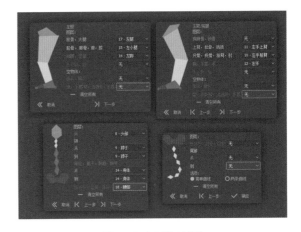

图 4-58 自动绑定设置

◎ 制作角色循环动画

腰部一共生成了两个控制器，"C_C 腰部"和"C_ 腰部"，针对这两个控制器创建"位移"和"旋转"动画，即可产生丰富协调的整体运动效果。对"C_C 腰部"的"位置"属性记录关键帧，在 12 帧的位置将其参数由原本的"9.1,17.5"改为"8.1,17.5"，在 24 帧的位置再改回来。注意，这里需要把合成画布放到最大，运动轨迹可以看到曲线手柄，将其拉成近似圆形，让其构成一种环形运动，如图 4-59 所示。

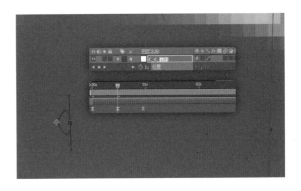

图 4-59 将运动轨迹调整为曲线

完成后将 3 个关键帧复选，转换为"缓动"，并为其添加循环表达式。接下来对控制器"C_ 腰部"的"旋转"属性记录关键帧，在 12 帧的位置将其参数改为"0x+2.0°"，在 24 帧的位置再改回来。复选 3 个关键帧，转换为"缓动"，并为其添加循环表达式。

完成腰部之后，继续制作头部的动画。接下来对控制器"C_ 头部"的"旋转"属性记录关键帧，在 12 帧的位置将其参数改为"0x+20.0°"，在 24 帧的位置再改回来。复选 3 个关键帧，转换为"缓动"，并为其添加循环表达式。

除此之外，还有一些部分也是循环运动的。例如，打节奏的右手以及踏地的右脚，这些内容可以参考工程文件来完成，此处不再赘述。

◎ 角色动画的其他部分制作

循环动画是为了增加动画的生动性，在此基础上需要制作主要的动作，这个角色的主要动作是操作鼠标，以及腿部的运动。首先是肩膀的运动，在 2 秒的位置对控制器"C_Shoulders"的"位置"属性记录关键帧，持续时间为 12 帧，将参数由 "-52.5,-124.0" 改为 "-22.5,-124.0"，如图 4-60 所示。运动曲线为先急后缓，即先转换为 "缓动"，再手动调节曲线让运动开始的位置变陡峭。

图 4-60 肩部运动

对 "C_左手" 的 "位置" 属性记录关键帧，持续时间为 9 帧，将参数由 "0.0,0.0" 改为 "19.0,0.0"，运动曲线为先急后缓。这里有一个用手指单击鼠标的细节，插件并没有对其生成控制器，需要去身体组件里寻找。在 "03s" 的位置对图层 "手指" 的 "旋转" 属性记录关键帧，往后走 4 帧，将参数改为 "0x-18.0°"，再往后走 4 帧则还原回来，并且把关键帧转换为 "缓动"，如图 4-61 所示。

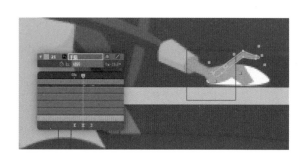

图 4-61 制作手指动画

单击鼠标后出现的圆环特效的制作方法同本章的第 2 个案例一样，使用了 "位移路径" 的形状图层效果，对 "数量" 属性进行了记录，并且改变了描边宽度。如忘记了制作方法，请复习案例 2，确定自己学会了这个动画效果的制作方法。

完成上述动画的制作，要注意检查动作的连贯性，肩膀、手、腿和脚的运动是否协调。可以想象自己在实际进行这样的运动过程中，会如何协调先后关系，这部分可通过拖曳各图层关键帧的先后顺序来调整。

◎ 制作特效

特效主要由音符、屏幕光线、咖啡热气以及 PS、AI、AE 图标的演绎构成。其中音符使用了定格帧，屏幕光线为不透明度变化的循环，这些部分都很简单，在此不进行详细讲解。新知识主要是在咖啡热气的制作上，3 个软件图标的特效则是综合运用了一些已有知识，下面会重点讲解这部分是如何制作的。

咖啡的热气属于流体，有一定的融合度。在扁平化的插画设计中，直接使用粒子状态的仿真烟雾效果会有风格冲突的问题。扁平化的烟雾制作需要使用到一些新的思路，这里主要采用 "简单阻塞工具" 来制作。

新建 3 个形状图层，使用 "椭圆工具" 分别创建 3 个圆形，并且将它们打包为预合成，命名为 "热气"。双击进入预合成 "热气"，并创建一个调整图层，选中调整图层，执行 "效果 > 遮罩 > 简单阻塞工具" 菜单命令，将属性 "阻塞遮罩" 的数值改为 "4.80"。此时拖拉各形状图层的圆形对象，可以发现已经产生了黏性效果，如图 4-62 所示。

图 4-62 用简单阻塞工具制作弹性效果

记录 3 个形状图层的"位置"和"旋转"属性，参考图 4-63 所示的曲线、关键帧设置，让 3 个"烟雾"产生缓慢的升起、缩放与融合的自然效果。

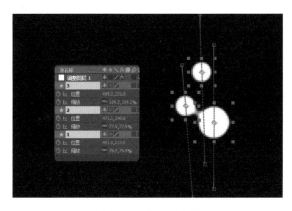

图 4-63 制作烟雾运动效果

烟雾的整个运动过程持续时间为"0:00:04:05"，也可在合成设置中修改。完成后回到"总合成"，将预合成"热气"复制 4 次后进行前后交错排布。此处不宜使用循环，如果使用循环，前后播放的间隔过大，会影响到动画效果。这个部分要调节出自然的效果，就需要进行多次调整。

接下来制作 PS、AI 和 AE 这 3 个软件图标的动画。首先是 PS 图标的动画效果，新建一个形状图层，使用矩形工具创建正方形，并将图层内的矩形对象复制 3 次，分布重命名为"背景""PS 背景""PS 背景 2"，填充颜色分别为"#dff9ff""#06c9ff""#001d26"。使用文字工具输入"Ps"，文字颜色为"#04c9fe"。用鼠标右键单击文字图层，选择"从文字创建形状"，如图

4-64 所示。

图 4-64 从文字创建形状

从文字转换为形状图层后，形状图层会按照文字中的"P"和"s"区分图层中的形状对象，可以单独对它们制作动画效果。这一组动画使用了简单的缩放、位置运动和不透明度变化来完成，并且复制了屏幕光线图层来作为轨道遮罩，这里可以参照工程文件中的方式来完成制作，也可以按自己想要的效果进行创意。

完成 PS 图标的动画效果后，复制一次 PS 的效果图层，并修改颜色和图层名称，填充颜色分别设置为"#dff9ff""#261300""#ff7d02"。然后将文字内容删除，并使用文字工具输入"A"和"i"，文字颜色为"#fffcd8"。单击文字图层选择"从文字创建蒙版"，该操作会将文字转换为"纯色＋蒙版"的形态，选中这个图层，并使用纯色图层设置快捷键来修改颜色，快捷键为 Ctrl+Shift+Y（Windows）或command+option+Y（Mac OS），如图 4-65 所示。

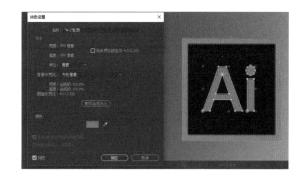

图 4-65 从文字创建蒙版

AI 图标的动画效果，其中代表图标外框的背景动画使用了"修剪路径"来制作走线动画，因此这里需要关闭填充色而打开描边色。而文字部分则是对蒙版的"蒙版羽化"属性创建的动画。

最后是 AE 图标的动画效果。这个部分将入场背景（色值为"#dff9ff"）的形状图层单独分离出来，而其余部分则单独分为一个形状图层，将其重命名为"Ae 2"，其中的各层对象的色值分别为"#d0a2ff""#231338"。"A"和"e"的文字处理方法同 PS 图标的制作方法一致，都使用了"从文字创建形状"。

接下来要给这个图层添加一个图层特效，单击形状图层下"内容"右侧的添加图标，选择"扭转"。展开"扭转"这个折叠选项，对其中的"数量"属性记录关键帧，在 16 帧的时间跨度内将属性值从"42.0"变为"0.0"。最后再给该图层添加一个效果，执行"效果 > 模糊和锐化 > 径向模糊"菜单命令，类型设置为"旋转"，对其"数量"属性记录关键帧，在 10 帧的时间跨度内将属性值从"28.7"变为"0.0"，如图 4-66 所示。

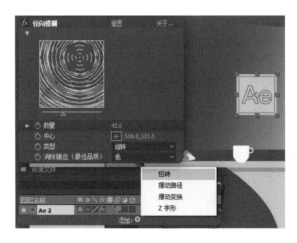

图 4-66 设置扭转和径向模糊

3 个图标的动画效果和运动曲线皆为"先急后缓"的运动节奏。所有的图层特效制作完成后，针对 PS、AI 和 AE 的图标图层打开运动模糊开关，以进一步提升动画的视觉效果。

3. 案例小结

整体来讲，这个案例的难度并不大，其主要的目标是让大家再次熟悉骨骼动画的制作。需要注意的是，本案例为大家提供了素材文件，在制作过程中，需要观察素材文件的分块以及中心点的位置，中心点位置的不同会大幅度地影响到运动变化。对于骨骼系统的理解较生疏的读者可以回到第 2 章的插件讲解部分继续观看，运用核心知识点即可轻松创建出合理的骨骼系统，以满足制作中的各类需要。

除此之外，各类型的特效实际上都是由简单的效果叠加而成的，更多的时候是多种尝试和思考的结果。书中主要介绍的是制作方法，并结合前面所讲的知识进行组合。大家可以根据自己的想法来做一些调整，不必拘泥于对某种效果的还原上，更多的是要学习内在的思路。

第 5 章

MG 的创意提升与未来
发展

前文讲解了软件的入门知识和进阶创作方法，并给大家介绍了
MG 创作的核心技巧。

在学习过程中，可能有一些读者的兴趣更多的是在通过操作软件
来实现出某种效果上，实际上很多效果都是会随着设计潮流而变化的。
如果一味的追求效果，而不去观察流行现象背后的本质，不积累创意
方面的能力，那么你可能长期都无法具备良好的创作力。本章作为最
后一章，会给大家分享一些提升创意的方法以及一些设计趋势和 MG
未来发展的内容。

5.1 收集并记录优秀的 MG 作品

全世界范围内有非常多优秀的 MG 作品，还有很多活跃在设计师网站的动态图形设计师。通过收集优秀作品来提高审美，开阔眼界，掌握设计潮流。将收集到的 MG 作品进行分类，逐步找到自己喜欢的创意风格，并从这些优秀作品中学习创意和技巧。这一节我会着重介绍如何收集优秀的 MG 作品以及对优秀作品进行分类。

1. 从网上收集 MG 作品

优秀的设计师们都在哪些网站出现？我们如何才能看到这些优秀的作品？相信这也是很多读者想要提的问题。事实上，因为各种各样的原因，我们对信息的掌握会受到自己的认知和行业圈子的限制，往往会错过很多信息来源。下面我将为大家推荐一些能够持续收集到优秀的 MG 作品的网站。

◎ Behance

Behance 是 Adobe 公司旗下的创意作品发布平台，聚集了各领域中的顶尖设计人才，在 Behance 上你能够搜索到顶尖的视觉设计项目、各类型的作品集，还有优秀的设计师团队等。在这个网站上，你可以与优秀的设计师进行交流，从他们的作品中学习到更多创作技巧和创意。

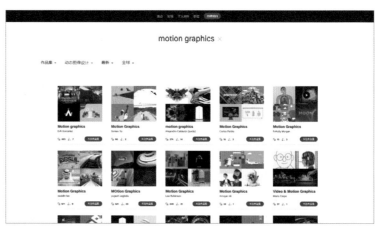

图 5-1 在 Behance 上搜索 MG 作品

使用 Adobe ID 即可登录 Behance，可以在网站顶部输入"motion graphics"进行搜索，下方的筛选项可以帮助我们挑选出自己所需的分类作品。例如，我筛选的是作品集，打开每一个作品集会看到多组 MG 作品，进入后即是作品的详情页面。

图 5-2 在 Behance 上收集 MG 作品

MG 作品通常会有 GIF 格式的图像和视频等形式，在网络速度不佳的情况下，可以通过保存 GIF 图像来进行收藏，还可以对作品进行点赞、评论等操作。通常我们看到优秀的 MG 作品时，一定要记得关注作者和作品集，这样在下次登录的时候就能第一时间看到有关作者和作品集的推送动态，以便继续收集更多的作品。此外，也可以把自己喜欢的作品添加到作品集中，方便自己进行收藏整理。

◎ Dribbble

Dribbble 是一个面向设计师和艺术工作者的在线交流社区，设计师和艺术工作者可以通过发布作品来进行自我推广。在 Dribbble 平台发布作品，需要通过官方审核或者得到已成为其正式用户的设计师邀请才能获得权限，相对来说具有一定门槛。然而没有成为能发布作品的用户，也可以搜索观看优秀的作品，Dribbble 中所发布优秀作品的数量是很庞大的。

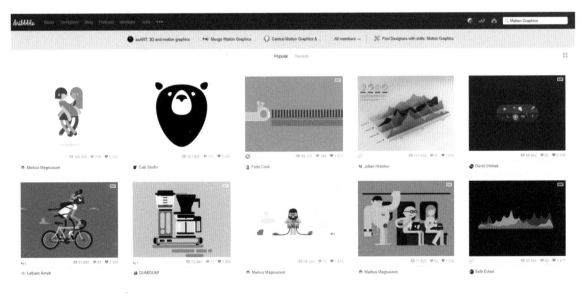

图 5-3 在 Dribbble 上搜索 MG 作品

Dribbble 上的 MG 作品文件较小，通常 GIF 图的尺寸为 800 像素 ×600 像素，这样可以短时间内在 Dribbble 上浏览到更多的作品。同 Behance 一样，我们也可以在 Dribbble 上对发布者进行点赞、评论或关注发布者等操作。

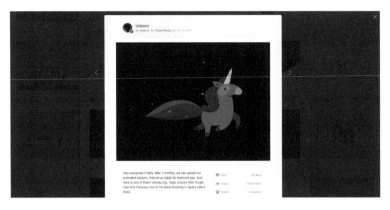

图 5-4 在 Dribbble 上收集 MG 作品

◎ 其他网站

除了上述的两大设计师网站外，我们还可以访问视频网站 Youtube、Vimeo，使用 Instagram 和 Pinterest 的 App 或网页来搜索 MG 作品。

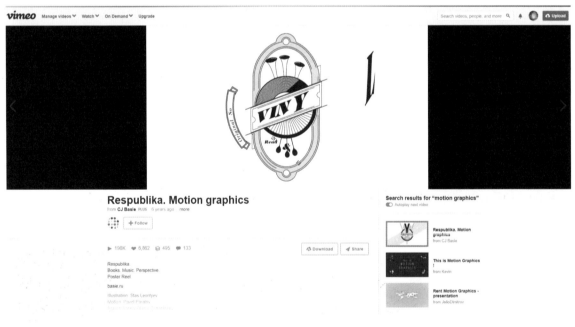

图 5-5 在 Vimeo 上收集 MG 作品

2. MG 作品分类

收集了一定数量的 MG 作品后，需要给作品进行分类。分类的方法有很多，可以根据自己的需要来定义分类的规则，在这里笔者也整理了一些分类方式给大家参考。

◎ 按照作品大小和规模来分

有的 MG 作品是一个项目，如产品宣传类的 MG 作品；而有的仅为设计师进行练习或者表达创意的小制作。通过以作品的体量和规模去分类，方便对作品进行准确定位和学习。项目类的作品，主要是团队成员共同创作，相对来说更加专业和复杂，对于独立设计师或者 MG 爱好者而言，模仿及临摹难度大，因此以欣赏和思考为主。而体量相对较小的作品，我们可以去深入研究，在借鉴的过程中学习到创意的技巧，并应用于自己的作品中。

※ 大型项目

大型项目一般包括节目的整体包装、体育赛事宣传方案、公司产品宣传和广告等，项目可能包括多部 MG 影片。通常由中型或者大型设计师团队协作完成，流程分工详细，专业度高，所使用的技术相对先进并且复杂。从直观上讲，这类项目更具震撼力，能让人感受到作品所要传达的信息，以及品牌的价值和企业价值。

图 5-6 大型的 MG 作品（一）

若你对这样的项目充满了浓厚的兴趣，想要努力成为参与者，那么就需要加倍努力磨炼自己创作 MG 的能力，整理作品并尝试投递简历，进而加入专业的 MG 设计团队中去。

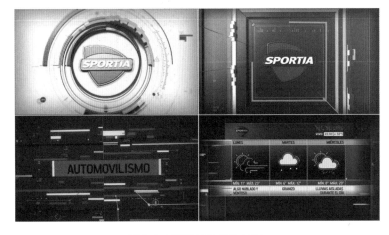

图 5-7 大型的 MG 作品（二）

※ 中型项目

中型项目主要为广告类型的 MG 作品，如用于发布会的 MG 影片，时间长度可能在 1 分钟以上。前文多次提到的《Designed by Apple in California 2013》就属于一个中型项目，至少对于个人设计师而言，完成这样的项目所要花费的时间并不短，这类项目也可能会采用团队的方式来制作。相对大型项目来讲，中型项目类的 MG 影片所传达的更多是对单一产品的和概念的表述，或者说是纯粹的视觉信息的传达。

对于个人设计师而言，若能在行业中积累丰富的制作经验，或者已经小有名气，接到这样一个中型大小的 MG 项目并非不可实现。对于这类型作品的整理和学习，不能只停留在欣赏的层面，而要研究它是如何制作的，并且要将它重现出来。

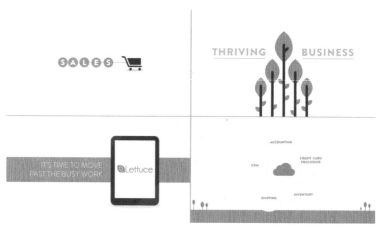

图 5-8 中型的 MG 作品

※ 小型项目

对小型项目的定义比较宽泛，主要指那些可以短期内被个人设计师完成的作品，其中很大一部分都不能算作是项目。我们在设计师网站上看到的绝大部分 MG 作品都可以归入此类。有时候我们看到一个简短的 MG 作品，可能是一个数秒的 GIF 图像，对于熟悉 MG 制作的读者来说，可能花一下午时间就能重现出来。小型项目是我们提高制作水准很重要的来源，正因为短小，作品中所包含的创意点各不相同，而且学习的时间成本也相对低一些。

图 5-9 小型的 MG 作品

需要注意的是，小型项目的制作流程通常会被淡化，甚至完全没有流程管理的必要。若你要全面提升制作水平，就不能仅限于长期临摹简单的 GIF 图像。可以考虑把自己的作品系列化，或者整理出一些可以连续制作的创意点来扩大作品的体系。

注：按照项目规模来进行分类，是直观而粗略的，其主要目的是区分制作流程所需的时间成本。这种分类的问题也很明显，无法在内容类型上作区分，所以很难形成风格意识。因此，对于研究者而言，几乎都会转向对小型项目的模仿中去。所以对于这种分类方法，我建议大家仅作为初期收集和分类使用，随着自己的能力提升，再逐步改进分类方法。

◎ 按照制作技术来分

按照制作技术来给 MG 分类，能够将 MG 的实现方式区分开来，方便我们对某一类型的技术进行深入的研究。在收集与分类的过程中，若偏向以技术方向进行分类，那么在日常收集的过程中就会有意识地去寻找这一类型的作品。按照制作技术分类主要是根据工具类型或使用的技术方法来进行判断。

※ 2D 和 3D 的区分

这可能是最直观的分类，但同时也是很重要的一种分类方式。由于 2D 和 3D 在视觉上存在巨大的差异，创意思路也会受此影响而让作品的形态发生很大的变化。2D 的 MG 作品比较多，也是本书的重点，在 AE 中可以通过开启 3D 属性配合摄像机让平面物体做 3D 运动，另外就是使用插件来制作简单的 3D 模型。此外还可以使用其他工具制作 3D MG，如 C4D 等。

区分 2D 和 3D 的 MG 时，不建议大家以是否创建了真正的 3D 模型来进行判断。只要是运用了三维空间知识来完成的 MG，如空间运动、光线、摄像机等手段的都可以理解为是 3D 的 MG。例如，前文所讲的摄像机案例作品，也可以归入 3D 的分类中。

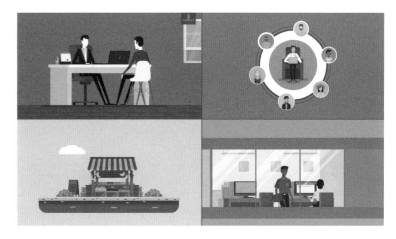

图 5-10 2D 的 MG 作品

图 5-11 3D 的 MG 作品

※ 特殊工具应用占比的区分

很多 MG 作品采用了多种自动化技术手段来实现效果，如使用表达式或插件等。但相比较而言，另外一些 MG 就比较容易能看懂是如何实现的，因为多半使用了较为简单的功能来表达创意。这两种 MG 以这个方式来区分，最大的好处就是可以有针对性地提高我们对这些比较难的知识点和技术的认知能力。

图 5-12 使用特殊工具制作的 MG 作品

注： 上图中的案例是 ExtonGraphics 发布的一个 MG 作品集锦，其中的图形大量运用了方块抖动特效，一些装饰性元素也运用了 AE 中的各类特效，这类型的案例适合用来细致分析，并尝试重现出效果，建议大家在研究的过程中记好笔记。

但相比注重采用更多技术手段完成的 MG，比较容易制作出来的 MG 也并非不需要受到重视。它更多的可研究价值集中在内容创意和表现形式上，也正因如此，这类作品需要与侧重技术表达的作品进行区分，以便我们平衡掌握好各项能力。

图 5-13 一般技术手段制作的 MG 作品

对收集的作品进行分类，目的是服务于学习者自己，因此存在主观性是完全没问题的。并非炫技的 MG 就一定没有内容创意，反之，内容新颖的 MG 也不一定就非常容易实现出来，对这一切的判断主要看自己。

◎ 按照内容来分

内容是 MG 作品最重要的东西，MG 中的内容能在简短的时间内传达大量信息，实际上这种艺术形式的核心就是对内容的重新整理及加工表达的过程。MG 的内容可以按照抽象、具象、传统动画等方向来进行分类。

※ 抽象的 MG 作品

抽象的 MG 使用一些非常基本的图形元素作为舞台角色，并融入了作者内心的想法。大部分情况下我们所看到的这种抽象的 MG 作品，都是通过感官刺激来改变观者心理和情绪变化，进而引导人们去思考图形所表达的含义。抽象的艺术作品通常不容易被解读出作者的想法，因此更值得人们去反复品味。

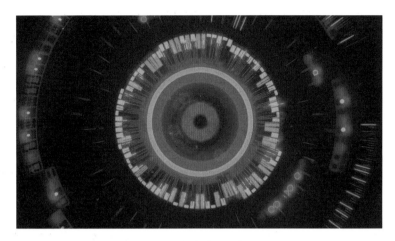

图 5-14 抽象的 MG 作品

※ 具象的 MG 作品

具象型的 MG 作品通常会有对自然环境和生活场景的模拟，并且以简短的情节表达出来。我们看到的很多小型 MG 作品，就包含了由生活场景所延伸出来的想象。例如，日常生活或工作的场景，或者把多个生活场景组合到一个镜头里。具象型的 MG 作品的精彩之处就在于它能够压缩一些有趣的画面，吸引人在短时间内看完。

图 5-15 具象的 MG 作品

近几年的 MG 作品，特别是在设计师网站能找到的一些小型项目，都开始含有这样的小场景，而这恰恰吸引了很大一批爱好者们加入。相对来说，这种作品创作周期较短，并且跟上了移动互联网时代的设计潮流，受到了极大的欢迎。

※ 传统动画型的 MG 作品

传统动画融入 MG 后，一些创作者开始让 MG 能够有故事剧情。独白类的 MG 动画，大量使用关系镜头交代人物角色，简化情节动作，在视觉动态上采用 MG 的创意方式来进行表达。传统动画型的 MG 作品偏向内容表达，因此可以与独白类的 MG 动画归类到一起。

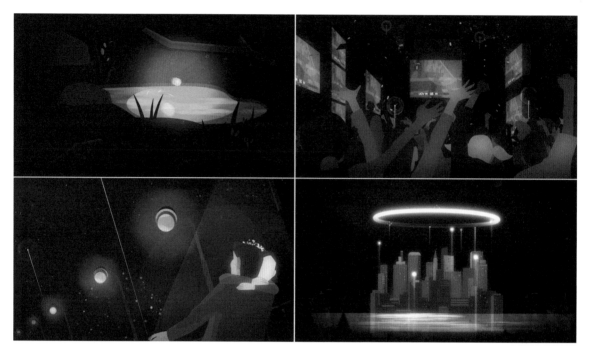

图 5-16 传统动画型的 MG 作品

欣赏传统动画型的 MG 作品时，可以把它当作微型动画电影来看。因为有完整的美术设定、场景布局以及用光和色彩，作品更能够触动观众的感情。对于这类型的 MG 作品，我们要多花心思在制作流程和内容构思上，而不仅限于对实现手段的研究。

◎ 总结

对 MG 作品进行收集和分类，主要的目的是服务于阶段性学习，我们的分类方法可根据需要进行调整，并非一成不变。大家要学会在感觉自己进步之后，对收集的作品与参考资料进行一次整理，删减一些现在认为不再优秀的作品。时常让自己的收藏夹保持更新，有的时候，观看与思考也会带来进步，进步并不只是一味地去实践。

希望大家不要拘泥于一种分类和整理的方法，上述提供的 3 种分类方法并不相互独立，可以根据需要综合运用。以项目大小所进行的分类为入门级分类；而针对制作技术或者侧重内容而进行的分类，属于进阶分类。当我们学习到一定的阶段，进行创作的时候，就需要更加注重对内容和创意的打磨。

5.2 找到自己喜欢的设计风格，分享自己的作品

经过一段时间的作品收集和欣赏，我想你已经能找到自己最喜欢的 MG 类型了，也许是抽象的，也许是具象的，也许你侧重研究各种高难度技术，又或者你喜欢把 MG 当作情怀电影来演绎。无论如何，你已经有了一个方向，并知道什么样的艺术作品才是你所追求的。

1. 受 Google Doodle 影响的 MG 风格

在研究 MG 的过程中，我一直比较喜欢 Google 的设计风格。明快的配色、生动的角色，以及无所不涉及的题材，让人感受到了人类文化的多姿多彩。Google 的 MG 设计风格最早来自涂鸦，即 Google Doodle（谷歌涂鸦）。从 1998 年开始，Google 就在一些节日或纪念日对其主页的 LOGO 进行特殊装饰和设计。

2010 年，Google Doodle 开始出现动态版本，这种带有交互的动画效果受到了广泛的欢迎。例如，2010 年 5 月发布的《吃豆人诞生 30 周年》涂鸦，人们可以用电脑控制涂鸦中的角色去还原游戏场景，回味 20 世纪 80 年代的游戏体验。不过由于 Google 的内容包罗万象，也存在一些文化和理念冲突，甚至引来很多争议。

在此之后，Google 的互联网产品逐渐开始形成了自己的插画风格，广泛运用于各类产品线中，本书中很多案例配图均取自 Google 的产品宣传。Google 多年来积累的艺术风格被用于 MG 中表现得非常生动灵活，并且与 Google 的设计语言 Material Design 进行了融合，更强调二维平面上的空间感。

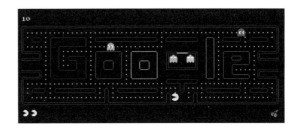

图 5-17 吃豆人诞生 30 周年

除此之外，Google 擅长在 MG 中加入交互，一些阶段式播放的卷轴动画被断开，需要由用户操作才能继续播放，这样增强了故事性和参与感，也与内容相辅相成。

2. 找到自己喜欢的设计风格

　　Google 的这种 MG 作品风格并不是每个人都喜欢，对于很多在平面设计研究上比较深入的设计师而言，最为简单和基本的图形才是核心的视觉元素，而偏向插画和具象角色的设计风格便不是他们的最佳选择。也许你会更加喜欢案例中的一些作品，可能会因此而找到自己所喜欢的设计风格。那么找到自己喜欢的设计风格，会有什么作用呢

◎ 帮你找到坚持学习的方向

　　相对于不固定的设计风格来说，研究一种风格可以持续不断地深入下去。因为从入门到进阶的学习过程中，都需要大量的临摹，对一种风格的深入研究，会让能力的提升更持续。从一开始临摹作品到逐渐关注一些影响 MG 艺术表现力的内容，最终能够用自己的语言概括出关于这一种风格的特征，并加入自己的理解，甚至能够看出这类作品的不足。找到自己喜欢的设计风格，对长期学习和深度学习来讲具有重大意义。

◎ 帮你逐步形成个人风格

　　在学习阶段，追逐和模仿高手的作品是最重要的学习方式。能够将优秀的作品重现出来是一切自信的源头，切不可急于过早地建立自己的风格。不如把某些案例做完，再对其进行更多的改变。例如，改变角色的造型，改变角色的运动方式，或者换一个不同的场景。之后再逐步增加原创的内容，一段时间后，便可以转向自主创作了。就我自己的学习经历来讲，风格是你接触很多不同作品之后融合自己理解后的产物。所以最重要的还是多接触、多练习。

　　但需要注意的是，临摹他人的作品可以帮助我们形成自己的风格，但长时间地只研究一种风格，也有局限性。时常收集和整理不同风格的 MG 作品，找到自己喜欢的，并对其进行研究和分析，逐步从这个过程中形成个人的设计风格。

注：如果你还没有自己喜欢的设计风格也没关系。这个过程需要时间，我们可以利用业余时间收集 MG 作品，也可以和别人进行讨论，了解为什么有的风格会被人所喜欢以及当前流行的设计趋势是什么样。或许在某个时候，你突然就对某个作品有了很多感触，通过关注作者及他的其他作品，从此就有了自己喜欢的设计风格。

　　总之，我们在任何时候都要轻松地去看待 MG 作品，它会给我们带来快乐。或许你需要看很多遍才能完整地接受某个 MG 作品所传达的信息，甚至可以把它重现出来。这些过程都能增进你对 MG 的理解和喜爱。希望你能早日找到自己喜欢的设计风格。

3. 分享和交流

◎ 分享作品

把自己的作品分享到在线平台，是一种很好的提高方法。通过评论，可以看到大家的看法，磨炼自己正视问题并且努力改进的良好心态。如果你觉得本章刚开始介绍的设计师平台让你望而却步，也可以先选择国内的一些设计师交流平台。我们国内也有很多优秀的设计师平台，一些优秀的设计师在 Behance 和 Dribbble 等网站都有自己的主页，并且有很高的关注度。他们同时也在国内的设计师网站发布作品，让我们可以不受语言限制地与他们进行交流。在这里我推荐大家选择站酷和 UI 中国这两个网站来发布自己的作品。

◎ 加入社群交流

现在有很多优秀的设计师都开设了自己的社群，以方便与更多的人进行交流和互动。由于即时交流工具的时效性，我们可以不用像过去一样在技术论坛中发帖并等候回帖，只要大家都在线，就可以即时交流。我很推荐大家选择社群方式来进行交流，好的社群氛围会鼓励大家互相帮助，并且分享一些好的学习资源，不定期组织各类型的学习活动。利用好这些资源，能够帮助我们快速提升。大家可以在站酷和 UI 中国两个网站通过搜索用户"Somawind"找到我的个人主页，也可以加入本书的 QQ 群来与我交流。

5.3 设计趋势的变化

在本书的最后，我想与大家探讨和分享关于设计趋势的变化以及 MG 的未来发展。这些问题我曾经思考了很久，如今很高兴能有机会做一次这样的分享。设计趋势随着时代发展而不断演化，任何一个新的设计潮流的诞生都是由各种因素综合产生的结果。科技发展促进了科技产品的创新，从而打开了新的市场，培养了新的用户，于是出现了很多新的内容平台。移动互联网为 MG 带来了新的能量，让很多设计师因此而加入到 MG 的创作中来，接下来就让我们好好聊聊这些事吧。

1. 设计风格的变化

◎ 扁平化风格的诞生与演化

在这个时代，我们总会感觉时间越来越快。2012 年 10 月 26 日，微软（Microsoft）发布了操作系统 Windows 8，带来了 Metro UI 的设计理念。由色块、图标和文字构成点击区域，并且是触控点击，图形元素不再具有各种各样的材质样式，甚至让人感觉不到图标的视觉"厚度"，这就是扁平化的概念。Metro UI 后改名为 Modern UI，并且这个设计理念一直沿用到了现在的 Windows 10 系统上。而 Modern UI 的视觉设计语言也运用于微软的手机 Windows Phone 系统的 UI 中。如今，我们早已非常熟悉这样的设计风格了。

2013 年，苹果（Apple）紧跟趋势发布了 iOS 7 操作系统，向人们展示了它惊人的变化。曾经以精致拟物化示人的 iPhone 图标，全部变成了毫无空间深度的扁平化图标，甚至连按钮都去掉了边框，只留下了可点击的文字。对于微软和苹果的前后设计变化，一时间让我们难以适应。两家巨头带来的趋势性变化，快速引领了互联网的视觉设计风潮，全世界的产品转眼间都把自己的视觉设计"拍扁"了。iOS 7 之后，直到现在的 iOS 10 系统，都多多少少地在发生着变化，但整体而言，扁平化的设计理念始终存在。

事实上，扁平化视觉的到来，也是一个综合因素的作用。由于移动互联网的飞速发展，传统桌面计算机和移动设备的关系越来越紧密。从技术和成本的角度而言，如果我们能使用一套设计来满足多设备共用，这无疑是最佳之选，扁平化正是诞生于这样的时代背景和需求大。当我们熟悉了这种似乎在某种程度上略显"复古"的设计风格之后，会发现在视觉扁平之下，更重要的是一种理念的扁平化。

从使用功能上来讲，扁平化的图标与写实拟物化图标最大的不同是视觉元素的隐喻和行为化。我们不一定会使用很直接的含义去体现产品功能，可能会根据很多约定俗成的行为方式去暗示这个功能。这是视觉文化变化所引起的文化覆盖效应。人们之所以能够适应扁平化设计，最大的原因就在于此。

由视觉扁平化走向理念扁平化的就是产品结构的设计。我们在逐步减少繁杂的层级关系，使用最简单的方式搭建产品结构，并且已经让人们适应了各种使用习惯，让交互越来越简单和直接。这一切都是为了迎接下一个设计趋势的到来。

◎ 扁平化对空间的探索

2014 年，Google 发布了 Material Design，即质感设计。质感设计以纸张为灵感，因此会像纸一般接受光照后而带来投影效果。质感设计很注重动效，点击按钮，会产生水波一般的扩散效果。质感设计对多设备适配做得更加彻底，实际上这种设计在很大程度上是为了开源的手机操作系统 Android（安卓）而做的。全世界有不计其数的安卓设备，屏幕尺寸各异，这也促成了 Google 愿意去做这样的探索。质感设计覆盖了网页、桌面程序和移动端程序。

Google 对空间的探索，更多的是擅于使用投影对空间关系的暗示。光线照射物体，而照射不到的区域就会形成投影。使用纸张和卡片来承载内容，借着投影所表达的空间关系，让我们的屏幕不再扁平化，而变得具有空间深度。在动态效果上，Google 通过动态变化来表达操作过程的连续性，让我们更容易理解功能之间的关系。另一方面，由于质感设计主张使用运动曲线，速度节奏的不同也带来了视觉层次的变化。

如果用扁平化的思路来衡量质感设计，似乎感觉设计趋势在"倒退"，因为质感正是对拟物的一种暗示。这种想法并不是错误的，但我们可以换一种思路来理解。之所以扁平化，事实上是受限于手机性能不足，过于炫丽的界面设计，可能会占用不必要的硬件资源而影响使用。所以如果我们反过来想这个问题，设计趋势是被科技发展和市场与产品所影响的，那么作为螺旋式发展的其中一环，设计也在推动着科技的发展。即将到来的下一个设计趋势便是如此。

我们是否想过，未来某一天我们不再需要使用智能手机。这个想法似乎很疯狂，因为智能手机现在已经成了我们生活中非常重要的工具，我们使用智能手机快速处理各种各样的事务，提高了效率。但回看过去，智能手机对我们生活的全覆盖也就几年的时间。这到底是科技对时间的加速，还是时间越走越快了呢？实际上这并不是最重要的，我们之所以能够适应这种越来越快的发展节奏，更深层次的原因是我们需要。

2. 沉浸式 UI 的到来

◎ 真实与虚幻？ VR 和 AR 的时代已经到来

科幻电影般的生活正在到来。VR（Augmented Reality）技术依靠可穿戴设备来实现，利用计算机模拟一个三维空间，可让用户产生身临其境的感觉。根据用户的位置移动，计算机通过智能运算来将精确的模拟空间匹配到用户的视野范围中。AR 技术能实时计算摄像机呈现的图像以及位置变化，并且在取景器中增加一些交互类型的图像，主要是为了在现实世界中增加一些虚拟图像进行互动。

虚拟现实（Virtual Reality,VR）的概念最早可以追溯到 20 世纪 50 年代，由于技术发展的限制，这种幻想只存在于科幻电影作品中，并且一直到 20 世纪末才开始有成熟的商业化应用，而增强现实的概念也到 20 世纪末才开始被提出。虚拟现实设备在 20 世纪 90 年代开始大量商业化应用，最早的虚拟现实设备出现于电子娱乐行业。例如，SEGA 于 1991 年发行了可的 SEGA VR 耳机，可以用于街机和 MD 。1994 年，SEGA 发行了可用于街机的运动模拟器 SEGA VR-1，它可以通过头部运动来制造 3D 图像。

到 21 世纪，虚拟现实技术应用到了更多的行业。例如，Google 推出的街景视图，可以查看世界各地的道路和全景视图。此外，虚拟现实技术也被用于商业地产项目中，如一些地产公司提供使用 VR 看样板房的服务。近年来，各种 VR 设备也开始被更多的制造商生产出来，HTC、Google、三星、索尼等公司都生产了自己的 VR 设备。目前，市场占有量最高的 VR 设备是索尼互动娱乐生产的 PS VR ，仅用于游戏领域。由此可见，全行业虚拟现实时代的发展才刚刚开始。

图 5-18 VR 设备

◎ VR 和 AR 技术带来的沉浸式时代

虚拟现实技术会让人沉浸其中，如果你体验过 VR 设备，你会感受到作为主角在虚拟环境中进行活动的刺激，所有的操作都是在空间中去完成的，而环境并没有边界，除非你退出软件并关闭设备，回到真实世界。VR 给人带来的最大感受就是没有边界，每一次使用都会让你无干扰地沉浸其中，这是现有其他类型的设备完全无法做到的。

在经历了市场考验之后，虚拟现实带来的下一个时代，就是沉浸式时代。当前我们可以在网络上不时地看到各种支持 VR 体验的产品宣传和报道，大家对这种新奇事物的关注度似乎还没有想象得那么高。这是因为我们的市场还没有出现更多足够优秀的产品，而且设备的用户覆盖度还比较有限。但一些用于虚拟现实产品设计的思路和设计语言已经开始出现。

◎ 沉浸式体验和 MG 创作

面对新趋势的到来，对于设计师而言，创作 MG 作品时应该有什么样的思维变化，这可能是在这个阶段更为需要思考的。事实上，在 MG 的众多创作形式中，我们已经能够得出答案了。

在 MG 创作中，有的是利用三维空间来表达平面图像或元素的风格，这与 VR 的形式非常接近，对于在 VR 设备中看到的 MG 作品，我们可以把已有的经验对接起来。而对于 AR 技术，有一种 MG 创作是在现实拍摄的影片中增加图形动态效果的方式完成的。对于 MG 的创作来说，新技术的到来提供了更好的舞台。如果你要跟上新趋势，更应该考虑去掌握创作 MG 的新技术。

3.MG 在各行业的发展

◎ 广告：你就在广告中

曾经我们在科幻电影中看到过，演员戴上智能设备来到一个虚拟空间，在其中活动演绎各种情节，跌宕起伏，让人大呼过瘾。对于将来的广告，我们可以大胆猜想，人可以进入广告中，去体验产品所带来的身临其境的感受。

阿里巴巴集团在 2016 年 4 月推出了一种购物方式，叫作 Buy+。通过使用 VR 设备来完成商品挑选、购买、支付的流程。由 VR 设备生成的虚拟三维图像模仿真实的线下超市，让用户坐在家里就可以进入到熟悉的购物环境中购买商品，一时间成了热点话题。这就是未来广告行业的一种表达形式，我们可以让广告变成一个虚拟空间，让用户可以自由地看到空间中的任意角度并参与到广告中，进而得出他们对产品的印象。

MG 在其中所起到的作用，就是连接虚拟空间和用户。我们可以在虚拟空间中使用这种动态的图形来引导用户通过进一步操作去了解产品功能。动态图形也可以作为产品功能的交互手段，让操作反馈变得更加生动、有趣。

◎ 影视：你就在电影中

对于电影这种艺术形式，我们再熟悉不过。而近年来为了增强视听体验，电影院升级了设备，推出了 3D 电影，甚至 4D 电影。我们可以在电影画面中通过 3D 眼镜看到画面中的空间深度，甚至感受到一部分画面"从荧幕中溢出来"，配合一些火爆场面，观众席座椅的振动设备可以让观众体验到影视中虚拟世界的冲击，这些都是当前我们所能体验到的。

而对于未来的电影，我们甚至可以大胆猜想观众会进入电影空间中，观众可以有限度地看到电影镜头下的空间关系。但这种猜想是否能实现，需要时间来验证。因为有一些人认为电影本身就是通过镜头和情节来引导观众跟随故事演绎的艺术形式，打破这种既定的规则，似乎会破坏电影原本的体验。

无论将来我们会看到怎样的影片，可以肯定的是，作为观众的参与感将会越来越强。而影视本身给 MG 设计带来的灵感也会推进这种艺术形式的发展。

◎ 游戏：你就在游戏中

这里我们讨论的游戏主要是指电视游戏、网络游戏、手机游戏等数字形式的游戏娱乐方式。游戏作为一种参与感极强的娱乐方式，结合了影视中的艺术性、动画中的夸张以及计算机程序实现的可操作的交互性，被称作"第九艺术"。

随着互联网时代与移动互联网时代的到来，接触这种娱乐方式的用户群体越来越多，各种各样的艺术风格也在不断地以游戏的方式来呈现，MG 的风格理念也被融入游戏中，成为游戏的美术风格，甚至是将其理念设计为游戏方式。而沉浸式时代的到来，以及虚拟现实技术在游戏中的应用，让游戏领域中的 MG 创作成了当下更值得我们去关注的方向。

我们作为用户在虚拟空间中扮演一个角色去和虚拟世界进行交互，甚至是将虚拟空间中的图像连接到现实世界中，都是当下可以通过技术手段能够实现的。对于可以用"心想事成"来概括的未来世界，将会为我们带来前所未有的娱乐体验。

◎ 未来：MG 就是真实的未来

我们在很多 MG 作品中看到很多信息被高度集中到了很短的时间内，这是一种高效思维的体现。随着科技发展，我们每个人所接受的信息也在快速增加。如何借助技术手段让我们在短时间内接受更多有效的信息，正是很多产品努力的方向，而 MG 也是基于这样的理念来进行创作的。随着技术的革新，如今 MG 中隐喻的很多趣味性的场景，在将来都可能会成为现实。

关于未来，我认为 MG 所表达的理念在不久的将来都是能够实现的。无论是科技发展还是行业发展，人们的需求都会变为趋于对精神文化发展的需要。这就是我们能从 MG 这种艺术创作形式的角度，所能得出的对这个时代发展的结论。